Frag dich in Führung

FRAG DICH IN FÜHRUNG

Der Guide für eine transformative Führungskultur

von

Ines Bruckschen

und

Svenja Op gen Oorth

Verlag Franz Vahlen München

Ines Bruckschen
ist Business-Trainerin, Karriere-Coach und Journalistin. Nach langen Jahren in leitender Funktion bei Magazinen, Agenturen und Portalen spezialisierte sie sich auf ihre Lieblingsthemen: Arbeitswelten, Berufsbiographien und Führungskultur. Seitdem unterstützt sie vor allem Führungskräfte und Menschen, die sich in zunehmend komplexen Umfeldern individuell weiterentwickeln wollen.

Svenja Op gen Oorth
ist Coach, Trainerin und Kommunikationsexpertin. Als Gründerin und Geschäftsführerin der eloquenza gmbh und Hahn & Loewe GmbH treibt sie mit Leidenschaft ihre Herzensthemen Kommunikation und Coaching voran. Seit über zwanzig Jahren begleitet sie so Menschen, Teams und Unternehmen aus aller Welt in ihrer persönlichen und beruflichen Entwicklung und auf ihrem ganz individuellen Weg zum Erfolg.

ISBN Print: 978 3 8006 6531 0
ISBN E-Book: 978 3 8006 6532 7

Buchgestaltung: Eduard Sommerfeld

Druck und Bindung: Westermann Druck Zwickau GmbH
Crimmitschauer Straße 43, 08058 Zwickau

Umschlaggestaltung: Eduard Sommerfeld

www.vahlen.de

Gedruckt auf säurefreiem, alterungsbeständigem Papier
(hergestellt aus chlorfrei gebleichtem Zellstoff)

OK

Dieses Buch ist eines der wenigen Bücher, das – wortwörtlich – mehr Fragen als Antworten bietet und uns auf unterhaltsame und inspirierende Weise mit unserer Neugierde und einer fragenden Haltung verbindet.

In unserer Sozialisierung waren wir oft diejenigen, denen die Fragen gestellt wurden und die belohnt wurden, wenn sie die richtigen Antworten hatten. Das hat bei vielen von uns den Glauben verstärkt, dass wir auch als Führungskräfte die richtige Antwort haben müssen. Aber Wissen ist nur ein kleiner Bestandteil erfolgreicher Führung in einer Welt des schnellen Wandels und des lebenslangen Lernens. Was wir nicht wissen, ist immer um ein Vielfaches größer als das, was wir wissen können. Das kann uns in eine Überforderung führen, der wir mit Plänen und Strukturen und Kontrollmechanismen zu begegnen versuchen.

Wenn wir uns auf unser gemeinsames Nichtwissen einlassen, entwickeln wir die Fähigkeit, uns selbst zu relativieren und den Wert von Meinungsvielfalt und Diversität zu erkennen. Wenn wir feststellen, dass jede:r von uns in einem Korsett aus kulturellen Konditionierungen und Voranahmen steckt und wir es aufgeben, Recht haben zu wollen, beginnen wir, Multiperspektivität als Führungsinstrument zu schätzen. Und die Tür dazu sind — Fragen.

Die Wände unseres inneren Entwicklungsraums, sind unsere eigenen Antworten und Vorannahmen. Sie bestimmen unsere Haltung und unser Führungsverständnis. Jede neue Entdeckung und Erweiterung unserer Haltung fängt mit einer Frage an. Sie ebnen uns den Weg zu neuen Perspektiven von einer rationalistisch-funktionaler Haltung, die sich auf Fakten und Berechenbarkeit fokussiert, über eine eigenbestimmt-souveräne Haltung, die auch die Stärken der anderen erkennt und fördert, hin zu einer relativierend-individualistischen Haltung, in der wir uns unserer Subjektivität bewusster werden. In dieser Haltung werden wir hinterfragender und können den Wert der Individualität jeder Person mehr schätzen.

Fragen wirken wie Scheinwerfer in das Unbekannte. Sie öffnen den Raum für Dialoge und neue Erkenntnisse und Erfahrungen. Führungsentwicklung hat immer auch etwas mit Kommunikationsveränderung zu tun. Je reifer wir werden, desto weniger akzeptieren wir Monologe, Top-Down-Ansagen und den reinen Austausch von Informationen als Führungsmethoden. Auch die Mitarbeitenden wollen echte Dialoge, in denen sie ihre Stärken und Erfahrungen einbringen können. Führen heute bedeutet, Dinge neu zu machen und Altes in Frage zu stellen. Wenn wir selbst die Fragenden sind, fördern wir ein experimentelles, innovatives Umfeld.

Das Buch „Frag Dich in Führung" ist ideal für alle, die sich selbst und andere entwicklungsorientiert führen wollen und die gemerkt haben, dass eine Frage mehr Räume für uns öffnet als unsere eigenen Antworten. Es lädt zum Machen ein – die Übungen und Anregungen lassen sich sofort umsetzen. Den beiden Autorinnen Ines Bruckschen und Svenja Op gen Oorth gelingt es auf unterhaltsame Weise, uns den Weg in Richtung einer coachenden Haltung zu weisen, in der wir uns individuell ausprobieren können. Mit einer Vielzahl an echten Inspirationen, mit denen wir unseren Führungshorizont sofort erweitern können.

Herzlich

Martin Permantier
Autor „Haltung entscheidet"

Ein herzlicher Dank

Dieser Guide ist mit der Unterstützung und Begleitung vieler sehr engagierter, kompetenter und ermutigender Menschen aus unserem Kollegen-, Freunden- und Familienkreis entstanden, denen wir aufrichtig danken möchten.

Die Idee zu diesem Guide lieferte unsere Ausbilderin, Mentorin und Freundin Manuela Dollinger in den allerersten Corona-Lockdown-Wochen. Sie wusste, wie sehr uns das Thema am Herzen liegt. Danke Manuela für all die Inspiration, Förderung, konstruktive Kritik und Herausforderung in den letzten Jahren – du hast uns überhaupt erst zum Thema Coaching gebracht und vorgelebt, was damit alles möglich wird.

Das „Frag dich in Führung"-Manuskript wäre vielleicht in einer Schublade verstaubt, hätte nicht Nathalie Bernwieser vom Vahlen Verlag so erfreut, wertschätzend und ermutigend auf unser Anschreiben reagiert – vielen Dank Ihnen und Thomas Ammon für die persönliche und engagierte Unterstützung.

Einen besonderen Dank möchten wir auch an diejenigen richten, die unseren Guide kontinuierlich begleitet und enorm bereichert haben: Vielen Dank, liebe Claudia Irsfeld, für die guten und manchmal auch kritischen Anregungen, fürs Lesen, Kommentieren und Bereichern! Vielen Dank, lieber Eduard Sommerfeld, für die grafische Umsetzung unserer Ideen und Gedanken, die uns so viel Freude und Ermutigung gebracht haben! Und vielen Dank, lieber Mirko Partschefeld, fürs Mitdenken bei allen Formalien und fürs Achten auf Konsistenz und Stimmigkeit!

Ein großer Dank geht natürlich an unsere Coachees, Klienten und Teilnehmenden unserer Kurse, die uns immer wieder zeigen, mit welchen Themen sie sich beschäftigen, welche Ziele sie anstreben und wo sie Probleme sehen. Ihr habt uns die Ideen für die Praxis-Beispiele geschenkt!

Sehr viel gelernt haben wir auch durch die Kurse und den regelmäßigen Austausch mit den Trainer*innen und Coaches aus unserem Netzwerk – danke euch allen herzlich! Explizit zu diesem Buch beigetragen haben Anna-Maria Belz, Cornelia Hogrefe, René Joosten, Kerstin Kalab, Silke Krawetzke, Anja Schmidt, Heike Schröder und Philipp Simmet – vielen Dank für eure Tipps und besonderen Frage-Formulierungen!

Vor und während des Schreibprozesses haben uns eine Reihe von Menschen unterstützt, in dem sie sich ausführlich Zeit für Gespräche zum Thema Führungskultur in Zukunft genommen haben – einfach weil sie sich selbst seit Jahren damit beschäftigen und uns an ihren Gedanken und Erkenntnissen teilhaben ließen. Ein Extra-Dank geht deshalb an Stephan Barlet, Prof. Dr. Claudia Eckstaller, Karen Fuchs, Matthias Gemeinhardt, Stephan Grunwald, Heike Koos, Dr. Volker Naumann, Gunda Opitz, Kerstin Rothermel und Annette Wodzak-Littig. Von Herzen danken wir auch Marion Kohler für ihre wertvollen inhaltlichen Anregungen, Stefan Büttner für seine kreativen Ideen sowie Natalie Buchholz und Jochen Temsch, die als versierte Autor*innen ihre Erfahrungen und Empfehlungen mit uns geteilt haben.

Und schließlich möchten wir uns ganz besonders bei den Menschen bedanken, die unser Leben täglich schöner machen, uns Kraft geben, uns zum Lachen bringen und uns erden: Danke Fabian, Narmatha, Ferani, Clara und Amelie – ihr seid eine Quelle der Inspiration. Immer wieder führt ihr uns vor Augen, was das Wichtigste im Leben ist und wofür wir Zukunft mitgestalten wollen. Und 1000 Dank an Walther und Alexander: Ihr habt immer an uns und unser Projekt geglaubt, habt uns unterstützt, wenn wir nicht weiterwussten, und habt neue kreative Impulse mit euren Ideen und Gedanken bei uns freigesetzt. Was für ein Geschenk, mit solchen Partnern durchs Leben gehen zu dürfen!

Ines & Svenja

Frag dich in Führung!

Der Guide für eine transformative Führungskultur

Gebrauchsanweisung: Wie du diesen Guide am besten nutzt

Schön, dass du unseren Guide gekauft hast und dich mit uns zusammen auf die Reise machst.

Dieser Guide ist ein Praxishandbuch mit Unterhaltungswert. Es gibt dir wichtige Infos über die Komplexität von Führung heute und liefert dazu konkrete Anwendungsbeispiele und Anregungen für deinen eigenen Umgang mit verschiedenen Situationen. Und ganz wichtig: Es soll Spaß machen!

In einer Zeit, in der so viel über neue Arbeitsformen und -modelle diskutiert wird, über Change und über flachere Hierarchien, möchten wir ganz konkrete Handlungsschritte aufzeigen, wie sich Änderung wirklich umsetzen lässt.

Wir haben den Inhalt so aufgebaut, dass du das Buch gut in einem Rutsch durchlesen und bearbeiten kannst. Du kannst aber auch einfach in die Kapitel springen, die dich besonders interessieren. Jedes Kapitel ist für sich verständlich.

In **Kapitel 1** beschäftigen wir uns grundsätzlich mit dem Thema Führung, also welche Bedeutung ihr heute zukommt, mit welchen Herausforderungen sie sich aktuell konfrontiert sieht, was einem gängigerweise als „gute Führung" empfohlen wird, wo hier die Grenzen liegen, was heute einfach nicht mehr gilt und welches Mindset dich und dein Team wirklich weiterbringt. Wenn du etwas über die wissenschaftlichen Hintergründe von Führungstheorien erfahren willst oder Argumente suchst, warum du Coaching in deinem Unternehmen einführen solltest, dann steig hier ein.

In **Kapitel 2** erfährst du, auf welchen Grundlagen Coaching beruht und wie viel weiter eine fragende Grundhaltung dich und deine Mitarbeitenden bringen kann als alle deine guten Ratschläge. Und dass coachende Führungskräfte über geschäftlichen Erfolg oder Misserfolg entscheiden werden. Wenn du den Unterschied zwischen Beratung und Coaching verstehen und Tipps für die Weiterentwicklung deiner eigenen Haltung haben möchtest, blättere gleich zu diesen Seiten.

Kapitel 3 fasst das Wichtigste zusammen, was du zum Thema Konstruktivismus und systemischem Ansatz wissen solltest, was Fragen tatsächlich bewirken können und welche Fragen den meisten Erfolg versprechen. Wenn du systemische Fragen kennenlernen und verstehen möchtest, dann fang am besten hier an.

Kapitel 4 zeigt dir den erfolgreichen Einsatz von Fragen in ein paar ganz klassischen Führungssituationen, die du bestimmt aus deinem Alltag kennst, die dich vielleicht sogar schon das eine oder andere Mal an deine Grenzen gebracht haben. Hier spielen wir die Situationen szenisch durch, sodass du schon beim Lesen Ideen für deine nächsten Gespräche sammeln kannst. Wenn du aktuell Inspirationen für besonders herausfordernde Momente suchst, dann lege gleich hier los.

Kapitel 5 dreht sich rund um das Thema Feedback. Hier erfährst du, warum Rückmeldungen nach Sandwich-Schema sogar kontraproduktiv sein können und wie du stattdessen mit einer einfachen Struktur Selbstwirksamkeit, Motivation und Reflexionsvermögen bei deinen Mitarbeitenden förderst. Anhand einer typischen Szene zeigen wir dir, wie so ein Feedback in fünf Phasen ablaufen kann. Dir steht in Kürze ein Feedback-Gespräch bevor? Lies gleich hier rein.

In **Kapitel 6** geht es darum, wie du mit der coachenden Grundhaltung auch dein ganzes Team in einen lösungsorientierteren Austausch führen kannst und wie sich über systemische Fragen auch unter Kollegen – ohne hierarchische Ebenen – coachende Elemente zur Weiterentwicklung nutzen lassen. Beides veranschaulichen wir anhand von Beispielszenen.

Kapitel 7 liefert dir schließlich ganz praktische Tools, die du sofort in deiner Arbeit einsetzen kannst: Hier findest du Gesprächsleitfäden, Selbstcoaching-Tools, Visualisierungsvorlagen und eine Übung, mit der du klären kannst, ob und wie du Coaching-Elemente in deine Arbeit integrieren möchtest.

Wahrscheinlich werden sich deine Gesprächssituationen nicht exakt so abspielen, wie wir es hier anhand unserer eigenen Praxiserfahrungen schildern. Von unseren Teilnehmenden aus unseren Trainings wissen wir allerdings, dass ihnen gerade solche Beispiele und das Beobachten von Best Practice sehr helfen. Deshalb lass dich einfach von den Geschichten inspirieren und mache die Gespräche zu deinen eigenen.

Wir sprechen dich bewusst mit „du“ an, weil es für eine Ansprache auf Augenhöhe steht.

Let the Transformation begin!

Diese Icons zeigen dir, was dich an der jeweiligen Stelle erwartet:

Hier findest du eine Zusammenfassung der wichtigsten Erkenntnisse aus diesem Kapitel.

Mit diesen Fragen kannst du das Gelernte gleich reflektieren und üben.

In der Toolbox findest du konkrete Vorlagen und Leitfäden für deine Praxis.

Diese beiden Führungskräfte begleiten dich ab Kapitel 3 durch verschiedene ganz alltägliche Führungssituationen und zeigen dir, wie du Coaching einsetzen kannst:

Teil 1

Theorie, Mindset und Grundlagen

die:

Substantiv, feminin

Bedeutungen u.a.:[1]

- **Leitung**
- **Lenkung**
- **Leadership**

Was Führung von Mitarbeitenden heute ausmacht.
Wovon du dich getrost verabschieden kannst.
Was dich und dein Team wirklich weiterbringt.

„Der wesentliche Beitrag von Führungskräften besteht darin, ihren Mitarbeitern eine verlässliche Orientierung zu geben und ihnen insbesondere den Sinn zu vermitteln, warum ihre Arbeit für das Unternehmen wichtig ist – gerade in Krisen. Denn Sinnvermittlung ist für Motivation, Identifikation und Zusammenhalt entscheidend."

Dr. Volker Naumann,
Leiter Lean Management Finanzen/Controlling,
DB Netz AG

„Heute müssen Unternehmenchefs sagen: ‚Unsere Beschäftigten sind unser wichtigstes Asset.' Was für ein Schwachsinn. Die Beschäftigten sind unser größter Kostenblock und viele sind so faul, dass wir sie ständig in den Hintern treten müssen. Das denkt eigentlich jeder Chef, aber keiner will es zugeben."

Michael O'Leary,
CEO Ryanair

… echt jetzt?

Kapitel 1
Welche Superkräfte kann Führung haben?

Führung wird zum Schlüsselthema – auf allen Ebenen

Turbulent ist sie geworden, unsere Welt. Vor geraumer Zeit haben wir damit begonnen, unseren Takt immer weiter zu erhöhen. Wäre doch gelacht, wenn wir die vielen guten Chancen der großen Transformation durch Digitalisierung, Globalisierung, demographischen Wandel und vielem mehr nicht positiv nutzen könnten! Also beschäftigen wir uns damit, möglichst disruptive Geschäftsmodelle zu entwickeln. Oder wir verkürzen die Entwicklungs- sowie Lebenszyklen unserer Produkte, damit uns die globale Konkurrenz nicht überrollt. Dazu bemühen wir uns, das zunehmend komplexe Umfeld in den Griff zu bekommen, und zwar durch stetiges Lernen, schnelle Reaktionen, einen guten Blick für relevante Trends, ein gesundes Maß an Risikofreude und ein agiles Herangehen an unsere Ziele. Die Botschaft an Führungskräfte lautet immer stärker: „Los, holt eure Leute an Bord und sorgt dafür, dass sie sich richtig reinhängen."

Mit der globalen Pandemie hat sich die Komplexität unserer Lage weiter beschleunigt. Wir wissen nun, dass wir deutlich mehr an Kommunikation und Prozessen digitalisieren können als gedacht – wenn wir denn müssen – und dass das auch noch besser funktioniert als angenommen. Ja, den meisten von uns fehlt der persönliche Kontakt. Und doch haben wir Menschen in dieser herausfordernden Zeit in großen und kleinen Unternehmen Unglaubliches leisten können. Wie geht's jetzt weiter?

Wir sagen: mit unserem Guide für eine transformative Führungskultur. Damit bekommst du Methoden an die Hand, die dich flexibel mit allen Anforderungen umgehen lassen. Und wenn du ein Mensch bist, der das wissenschaftliche Fundament verstehen will, auf dem wir aufsetzen, dann wirst du auf den nächsten Seiten auf deine Kosten kommen. Denn wir nehmen dich mit auf eine aktuelle Reise durch unterschiedliche Theorien, Studien und Ansätze, die das Thema Führen heute bestimmen. Und wir bringen dabei Klarheit in den Meinungsdschungel.

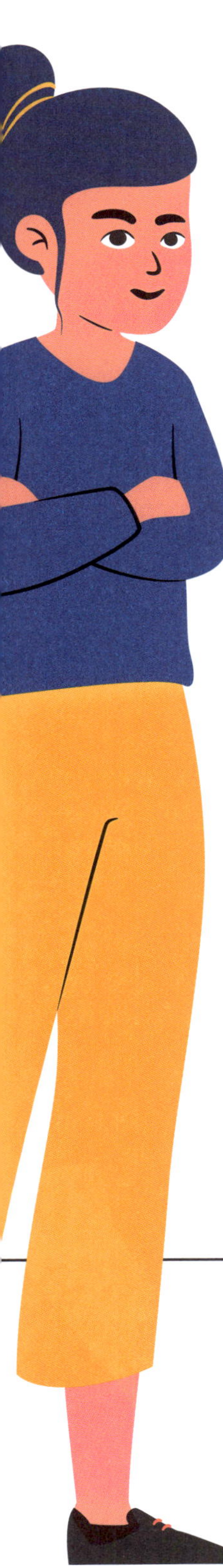

Immer mehr Aufgaben für Führungskräfte

„Führung ist eines der Themen der digitalen Transformation – vor Corona genauso wie im New Normal“, schreiben die Autorinnen und Autoren der Studie „Führen in der digitalen Transformation“ vom Fraunhofer-Institut für Arbeitswirtschaft und Organisation IAO[2]. Die Transformation konfrontiert Führungskräfte mit immer mehr Aufgaben: Da sind die wichtigen strategischen Entscheidungen, die getroffen werden müssen. Die Notwendigkeit, das Tagesgeschäft am Laufen zu halten und gleichzeitig innovative Produkte für die Zukunft zu entwickeln. Was ihre Mitarbeitenden angeht, sollen Führungskräfte heute zu Engagement und Kreativität motivieren, Sicherheit signalisieren und dabei zur Veränderung ermutigen. Arbeitseinsätze müssen bedarfsgerecht geplant, Leistungen in irgendeiner Form evaluiert werden. Ein Team braucht heute Raum für Selbstorganisation, und Führung soll (auch remote) inspirieren, herausfordern und gleichzeitig fördern.

Das klingt nach viel. Sehr viel. Und weil in vielen Unternehmen die operative Arbeitslast unverändert bleibt, sehen Team-Leads dort wenig Chancen, ihre Mitarbeitenden wirklich nachhaltig zu fördern. Die Folge: Immer weniger Menschen möchten überhaupt eine Führungskarriere einschlagen.

Führung? Nein, danke!

Es ist ein Jammer. Da haben wir endlich die „Experten-Laufbahnen" entwickelt, damit wir Aufstiegschancen für Menschen schaffen, die nicht unbedingt in Führung gehen wollen oder sollen. Gleichzeitig bauen wir Hierarchiestufen ab, um modernere Organisationen zu entwickeln, und brauchen entsprechend weniger Chefs und Chefinnen. Warum nur haben wir immer mehr Schwierigkeiten, diese Posten zu besetzen?

„Das Anforderungsprofil an Führungskräfte ist so gestiegen, dass eine empfundene Drucksituation entsteht, die klassische Führungsaufgaben auch bei eigentlich entwicklungshungrigen Personen weniger attraktiv macht", erklärte Felix Schuler kürzlich dem Spiegel[3]. Schuler ist Managing Director und Senior Partner bei dem Beratungsunternehmen Boston Consulting Group (BCG), das für die Studie „Human Centered Lead" je 1000 Arbeitnehmerinnen und Arbeitnehmer in Deutschland, Spanien, Frankreich und Großbritannien nach ihren Vorstellungen von guter Führung befragt hat.

Eine mögliche Erklärung für die Führungs-Unlust sehen wir in einem anderen Ergebnis der Studie: Gesucht würden andere Persönlichkeitstypen als früher, heißt es, die sehr menschlich orientierten Faktoren seien weit nach vorn gerückt und die gute Beziehung zum Team entscheide über den Erfolg.

Könnte es sein, dass Menschen mit einer besonders stark ausgeprägten sozialen Empathie am wenigsten Lust auf steigenden Druck haben? Und sich fragen: Warum soll ich mir das antun?

Hoffnung macht ein weiteres Ergebnis der Studie: Dass sich Chef sein lernen lässt, glaubt knapp ein Drittel der Befragten. Und knapp zwei Drittel denken, dass Führungsqualitäten immerhin nur zum Teil Typsache seien, auch sie finden: Der Rest lässt sich lernen.

Das denken wir ebenfalls. Wer bisher glaubte, alles allein wissen und beherrschen zu müssen, kann über Coaching-Kompetenz lernen, wie viel es ihm und seinem Team bringen kann, die anderen besser zu verstehen. Und wer ohnehin schon jede Menge Empathie mitbringt, kann sich mit Hilfe der richtigen Fragen von sehr viel Druck befreien.

EXIT
->
„Weil Lust an
Führung ja gleich-
zeitig Lust an einer aktiven
Mitgestaltung der Zukunft
bedeutet“, möchten wir rufen.
Und weil es schade wäre, wenn
sich so viel Potenzial aus dieser
Mitgestaltung zurückziehen würde!

Zweifel frisst Produktivität: So sehen Führungskräfte ihre Aufgabe heute

„Noch ein anderes Thema finden wir im Zusammenhang mit Führung wichtig: Schon immer waren gute Vorbilder die beste Motivation für den Wunsch nach Weiterentwicklung und Mitgestaltung. Sprich: Wenn gute Führung vorgelebt wird, dann findet sich auch leichter Nachwuchs.

Wir wollen nicht sagen, dass es aktuell keine guten Führungskräfte gibt. Doch Führungsverantwortung wird derzeit von einer Mehrheit der Führungskräfte zumindest teilweise als Belastung wahrgenommen. Zu diesem Ergebnis kommt eine repräsentative Studie der Bertelsmann Stiftung und macht damit das heutige Spannungsfeld für Menschen in leitenden Positionen sichtbar.[4]

Von den über 1000 befragten Führungskräften, aus unterschiedlichen Branchen, Unternehmensgrößen und Altersgruppen, geben 21,4 - 25,6 Prozent an, ihre Aufgabe **meistens als Belastung** zu empfinden, sich **nicht sicher** zu sein, **ob Führung ihnen überhaupt liegt,** und dass sie ihren **eigenen Ansprüchen nicht gerecht werden.**

Diese Zweifel wirken wie Sand im Getriebe von Organisationen. Mehr als 50 Prozent sehen dadurch ihre Führungswirkung deutlich beeinträchtigt. Denn je höher die Zweifel der Führungskraft ausgeprägt sind, desto weniger verbessern sich Produktivität und Zufriedenheit.

Gleichzeitig leiden zweifelnde Führungskräfte laut Studie an einer mangelnden Klarheit bezüglich ihrer Aufgaben, sehen sich mit großem Bürokratieaufwand konfrontiert und erleben wenig Nähe zu ihren Mitarbeitern. Gerade Letzteres führt zu einer destruktiven Wahrnehmung der Teammitglieder. Und das wiederum zu weniger Kooperation und Innovationsfreude im Team. Ein Teufelskreis, der schwer zu durchbrechen ist.

Unterschiede zwischen den Geschlechtern gibt es da kaum. Anders sieht es beim Alter aus: Ältere Führungskräfte äußern seltener Selbstzweifel als Jüngere. Das liegt jedoch nicht an der größeren Erfahrung, sondern vielmehr an den unterschiedlichen Bedürfnissen der verschiedenen Generationen. Gerade die nachrückende Generation Y hat bezüglich Sinn, Work-Life-Balance und Mitgestaltung andere Interessen. Werden diese nicht erfüllt, nehmen ihre Zweifel sogar noch zu.

Wir denken: Auch Führungskräfte, die schon lange in ihrem Amt sind, können über Coaching-Kompetenz lernen, den Teufelskreis der Selbstzweifel zu verlassen. Dafür müssten sie sich zunächst ein paar hinderliche Mechanismen bewusst machen.

Was passiert, wenn Führung nicht wieder attraktiver wird?

Zuerst einmal ist es verständlich, die Strategien, die man selbst als erfolgreich erlebt hat und die einen nach oben gebracht haben, weiter anwenden zu wollen. Es war ja auch nicht alles schlecht. Doch allein mit einem zufriedenen Blick zurück werden es Führungskräfte heute nicht mehr schaffen, das enorme Tempo mitzugehen, der steigenden Komplexität erfolgreich zu begegnen und die stetige Unsicherheit positiv in ihre Arbeitsprozesse zu integrieren. Dafür brauchen sie das Potenzial ihrer Teams. Wer keine oder nur unzureichende Instrumentarien kennt, um diese Potenziale ans Licht zu holen, der wird Leitungsfunktionen aus dem Weg gehen.

Wenn allerdings immer weniger Menschen aus den nachrückenden Generationen Führungsaufgaben übernehmen wollen, dann werden wichtige Positionen nicht optimal besetzt. Sowohl Mitarbeitende als auch Führungskräfte werden immer unzufriedener, die Burnout-Rate steigt, aber auch die Fluktuationsrate, Kreativität und Innovationsfähigkeit leiden – und schließlich verlieren die Unternehmen ihre Wettbewerbsfähigkeit.

Was brauchen wir für einen erfolgreichen neuen Weg?

Wir benötigen eine fragende Haltung, die auf der Führungsebene vorgelebt und dann auf allen weiteren Ebenen weitergetragen wird.

Die richtigen Fragen liefern wichtige Antworten aus Bereichen, die der Führungskraft nicht bewusst oder bekannt sind. Mit einer positiven Haltung diesen neuen Informationen gegenüber gewinnen Führungskräfte an Sicherheit.

Alle, also sowohl die Führungskraft als auch die Mitarbeitenden, kommen über Fragen in die Selbstreflexion. In diesem Prozess können Selbstzweifel aufgelöst, Motivation erhöht und Anerkennung gezollt werden.

Alle bekommen die Möglichkeit, sich entsprechend ihren Stärken und Interessen einzubringen. Eine konstruktive Fehlerkultur entsteht. Der Wechsel in andere Perspektiven liefert neue Ideen. Alles zusammengenommen entlastet die Führungskraft, führt zu deutlich mehr Spaß an Kreativität und Innovation und fördert die Wettbewerbsfähigkeit des Unternehmens.

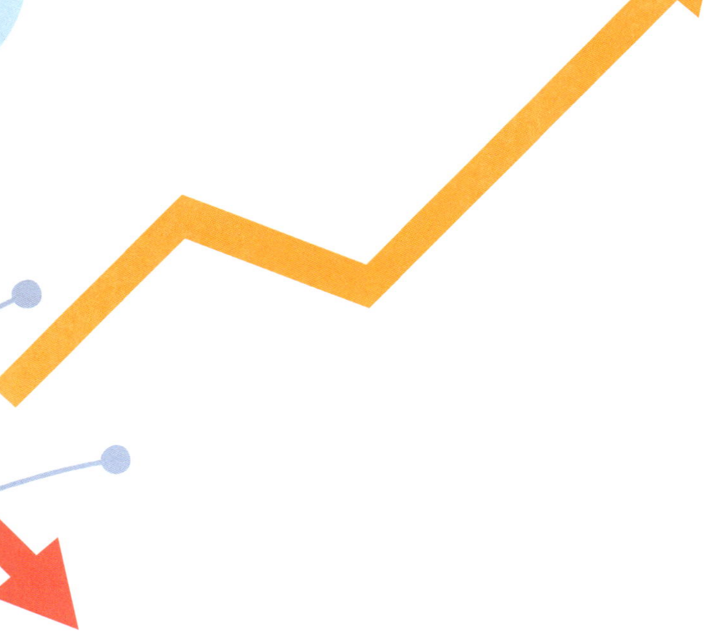

Schwere Verantwortung tragen oder freudiges Miteinander gestalten?

Wer führt, der trägt Verantwortung. Für die Arbeitsergebnisse seines Teams, für das wirtschaftliche Wohlergehen seines Unternehmens – und für die Menschen, die er oder sie führen soll. Diese Verantwortung kann in Zeiten, in denen so gut wie nichts mehr als sicher gilt und sich Realitäten schneller verändern, als wir denken können, ganz schön schwer wiegen.

Gleichzeitig liegt in einem guten Führungsstil die einmalige Chance, Zukunft mit der Kraft der Kollaboration aktiv und erfolgreich mitzugestalten: Wenn es gelingt, eine Atmosphäre im eigenen Team zu schaffen, in der alle engagiert ihre Ideen und Leidenschaft einbringen, dann werden deutlich bessere Ergebnisse erzielt. Und dazu sinkt der Druck auf sich selbst deutlich.

Klingt gut, ist für viele aber weit weg von der Realität. Wie also gelingt so eine konstruktive und kreative Arbeitskultur im eigenen Team? Der erste Schritt ist das bewusste Aussortieren überholter Thesen zum Thema Führung. Und solche Thesen gibt es viele – unsinnige, ungeliebte, und doch so oft erlebte, dass manche von ihnen schon als unumstößliche Wahrheiten betrachtet werden.

Der erste Schritt zur transformativen Führungskultur:

Führungsthesen aussortieren

Überholte These Nr. 1: Führungskräfte müssen alles wissen

Früher ging das vielleicht. Da leitete oft diejenige Person die Geschäfte, die sich am besten im Fach oder in der Branche auskannte und über den größten Wissensschatz zum jeweiligen Thema verfügte. Sie sollte den Überblick über alle relevanten Aspekte haben und dazu die Entscheidungsstärke, alle Aufgaben entsprechend zu verteilen.

Das ist heute nicht mehr möglich. Mittlerweile potenziert sich Wissen laufend, und vieles davon ist übers Internet für alle zugänglich (Open Source!). Niemand kann mehr alles wissen und sollte das auch gar nicht anstreben. Am erfolgreichsten sind Teams, die sich aus ganz unterschiedlichen Menschen und Charakteren zusammensetzen und miteinander kooperieren, statt um die Gunst der Chefs zu konkurrieren.

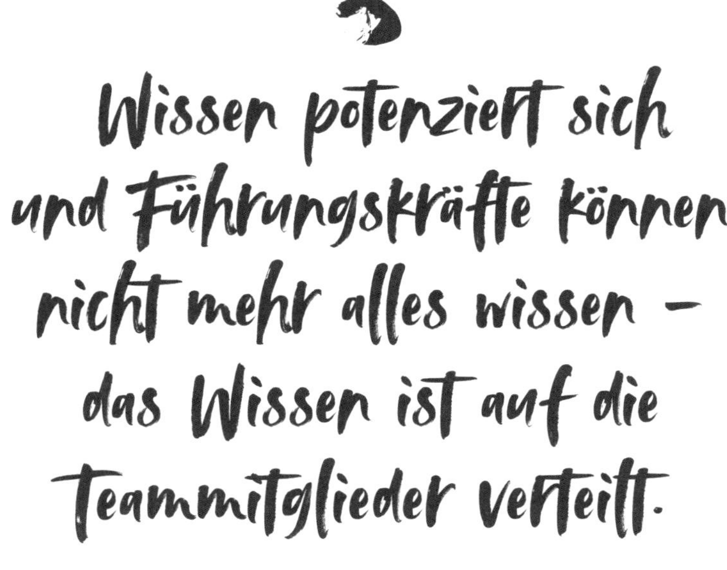

**Überholte These Nr. 2:
Führungskräfte zaubern jederzeit tolle Lösungen aus dem Hut**

Den Platz an der Spitze des Teams muss sich die Führungskraft schon verdienen. Und zwar täglich aufs Neue. Wo kommen wir denn hin, wenn die eigenen Leute kreativer sind als der Chef? Zur Not kann man ja mal eine gute Idee aus dem Team als die eigene verkaufen …

Das haben früher natürlich auch nicht alle gemacht, doch wir haben ein solches Verhalten eher geduldet. Irgendwann reicht es aber auch dem duldsamsten kreativen Geist. Fortan behält er seine Ideen für sich und schiebt nur noch Dienst nach Vorschrift. Oder sucht sich einen anderen Job. Schade! Da bleibt so viel Potenzial ungenutzt. Lautet eine der heute erfolgreichsten Überlebensstrategien doch „Kooperation“. Die Forschung, einige Unternehmen und pfiffige Start-ups machen es längst vor: Wissen miteinander zu teilen potenziert die Ideen für neue Lösungen. Dann kann eben auch mal ein wirklich disruptives Modell dabei sein.

Führungskräfte brauchen die Ideen und den Gestaltungswillen aller Mitarbeitenden in ihrem Team, um zukunftsfähige Ideen zu entwickeln.

Wollen Teams erfolgreich sein, müssen sie sich zu selbstlernenden Organisationen entwickeln.

Überholte These Nr. 3: Das Organigramm gilt für die nächsten Jahre

Die Herausforderungen, mit denen sich Unternehmen aktuell konfrontiert sehen, sind komplex und existenziell: Pandemie, Migration, Klimawandel, Terrorismus. Dazu kommen der hohe Technologisierungsgrad und ein ständig steigendes Veränderungstempo.

Die Lieblingsantwort auf diese Treiber hieß zuletzt immer wieder: „Wir müssen agiler werden." Also die Kunden und ihre Bedürfnisse in den Mittelpunkt stellen, schnell eine Innovation dazu entwickeln und so überleben. Nach einer Weile kam noch die Erkenntnis hinzu: Bitte dabei nicht die Exzellenz oder Effizienz aus den Augen verlieren.

Organigramme, die Aufgaben klar verteilen, vermitteln erst mal das Gefühl: Das haben wir geregelt. Aber sie funktionieren zusammen mit echter Agilität nur bedingt. Eine ebenfalls wichtige Überlebensstrategie ist die kontinuierliche Selbstentwicklung von Teams. Also das laufende Erkennen von Veränderungsbedarf und das umgehende Entwickeln von Ideen, wie sich die Lücke zwischen Realität und Ideal am besten schließen lässt. Dafür müssen alle immer wieder neu zusammenarbeiten und dürfen nicht zu fixiert nur auf ihren Aufgabenbereich schauen.

Unsere zentrale Frage lautet:

Wie schaffen es Führungskräfte unter diesen Bedingungen, ihre Teams in eine erfolgreiche Zukunft zu führen?

Mit dieser Frage beschäftigen sich natürlich längst viele kluge Köpfe, und sowohl Forschende als auch Prakti-ker*innen haben schon eine Menge guter Antworten und Ansätze geliefert, die – wie alles andere – laufend weiterentwickelt werden.

Transaktional? Transformational? Transformativ? Führungsstile in der Entwicklung

Vielleicht hast du dich beim Lesen unseres Untertitels „transformative Führungskultur“ gefragt, was das eigentlich genau bedeutet? Das wollen wir gleich auflösen, werfen dafür aber erst mal einen Blick auf bisherige Führungskonzepte mit guten Ansätzen.

Von der transaktionalen zur transformationalen Führung

Aktuell praktizieren viele Unternehmen noch eine eher **transaktionale Führungskultur,** die klar den Austausch von Leistung und Gegenleistung (Transaktionen) zwischen Führungskräften und Mitarbeitenden in den Mittelpunkt stellt:

- Erwartungen definieren
- Ziele vereinbaren
- Auf Einhaltung von Normen und Regeln achten
- Leistung anerkennen, Verhalten loben

Im Klartext bedeutet das: Motivation soll vor allem über Zielvereinbarungen erfolgen sowie durch das Übertragen von Verantwortung. Eine Kontrolle der Ergebnisse schlägt sich dann in materiellen (Lohn) und immateriellen (Lob) Gegenleistungen nieder. Fehlverhalten löst dagegen Kritik oder Sanktion aus.

Transformationsprozesse setzen allerdings Organisationen in Bewegung. Das setzt Energie frei, die für Innovationen genutzt werden kann – immer vorausgesetzt, man nimmt die beteiligten Menschen auch entsprechend mit.

Deshalb wurde das Konzept der transformationalen Führung seit den 1990er Jahren wissenschaftlich untersucht. Es beantwortet die Frage: **Wie erreiche ich, dass meine Mitarbeitenden loyal sind, gern Verantwortung übernehmen, Teamgeist entwickeln, selbstdiszipliniert handeln und auf die nötigen Veränderungen mit Engagement und der Bereitschaft zu stetigem Lernen reagieren?**

Das Modell des umfassenden Führungsverhaltens („Full Range of Leadership Model") von Bernard M. Bass und Bruce Avolio hat bestimmte typische Führungshaltungen anhand ihrer Aktivität und ihrer Effektivität entlang zweier Achsen sortiert.[5] Hier sehen wir zumindest, welche Haltungen rein theoretisch zum gewünschten Verhalten führen würden:

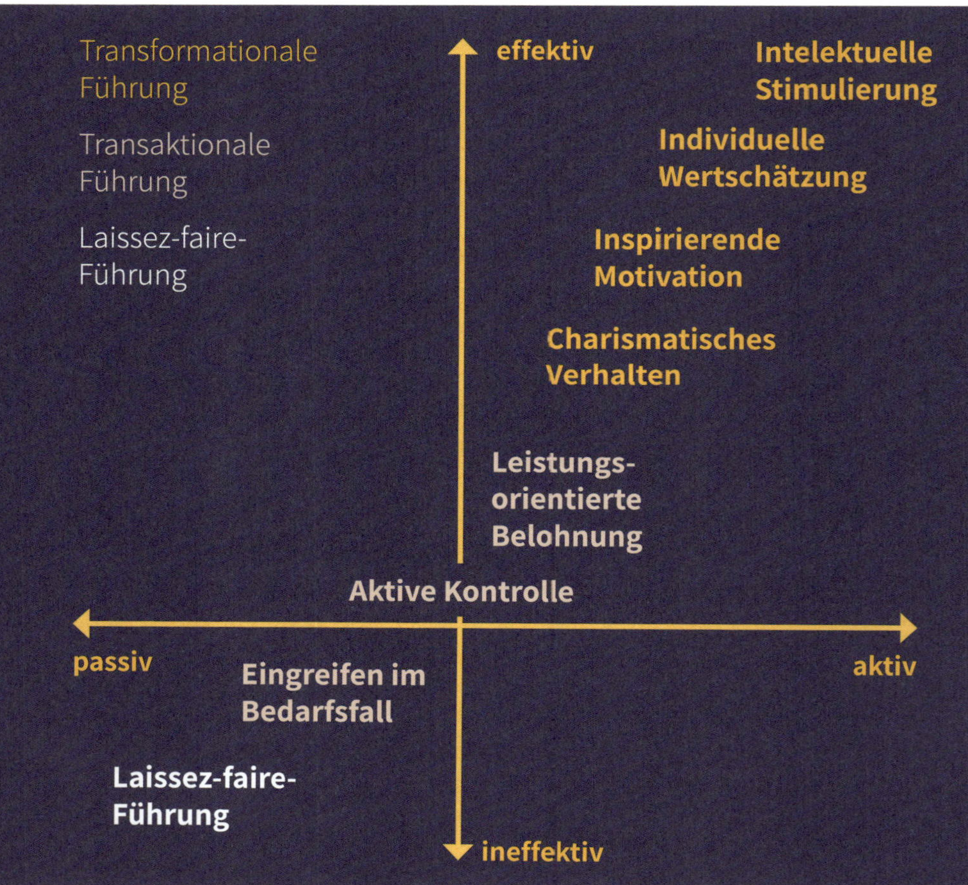

Mit den dargestellten Haltungen will das Konzept der **transformationalen Führung** folgende Ziele erreichen:

- Bewunderung und Vertrauen erwerben
- Herausfordern und Sinn vermitteln
- Zu Kreativität anregen
- Persönliches Wachstum fördern

Wie „wirkt" transformationale Führung?

Transformationale Führungskräfte verändern (transformieren) das Verhalten ihrer Mitarbeitenden und Kolleg*innen auf ein höheres Niveau. Sie werden als Vorbilder wahrgenommen, respektiert und bewundert. So entsteht eine Vertrauensbasis, die Mitarbeitende zu höheren Leistungen, mehr Selbstständigkeit und unternehmerischem Denken motiviert.

Gelingt es einer Führungskraft, ein solches transformationales „Klima" zu erzeugen, dann geht es allen besser – so die These. Dann reißen sie andere mit und erzeugen Followership. Das heißt, immer mehr Mitarbeitende wollen einen sinnvollen Beitrag zum Unternehmenserfolg leisten. In der Folge kann das Unternehmen schneller und effektiver auf Veränderungen im Markt reagieren, weil alle mitziehen. Und das hat schließlich großen Einfluss auf den wirtschaftlichen Erfolg eines Unternehmens.

Transformational geführte Teams leisten mehr

Diesen direkten Zusammenhang zwischen Führungsleistung und wirtschaftlichem Unternehmenserfolg erkennen auch aktuelle Studien:[6]

- **Eine transformationale Unternehmensführung ist ein maßgeblicher Erfolgsfaktor für Veränderungen der Arbeitswelt im Unternehmen.**

- **Eine starke Partizipation der Belegschaft an Veränderungen im Unternehmen führt zu höher ausgeprägten Zielgrößen.**

- **Bewertungsunterschiede bestehen zwischen Personen mit einer aktiven Rolle in Veränderungsprojekten und Personen ohne aktive Rolle.**

Diese Erfolge bestätigen auch eine Reihe von Validierungsstudien, sowohl in den USA als auch in Deutschland.[7] Nicht nur die Mitarbeitenden sind dort zufriedener, stärker intrinsisch motiviert und kreativer. Auch die befragten Führungskräfte berichten häufiger von guten persönlichen Beziehungen, weniger stressbedingten Problemen, mehr Energie und einem höheren Einkommen als Manager*innen, die überwiegend mit Negativreizen wie Druck führen.

Zu schön, um wahr zu sein?

Charismatische Leader, die ihre Mitarbeitenden als Follower um sich scharen und so ihr Unternehmen von Erfolg zu Erfolg führen – das klingt erst mal nach einem guten Plan.

Nur entspricht dieses Bild nicht dem, was wir uns unter „miteinander aktiv und kreativ die Zukunft gestalten“ vorstellen.

Kritische Anmerkungen, die wir so oder in ähnlicher Form immer wieder zu hören bekommen, sind folgende:

- Wo sollen denn die ganzen charismatischen Leader herkommen? Bei uns in der Branche gibt's die nicht.
- Das ständige Kommunizieren und Beziehungenpflegen geht zu Lasten von Effizienz und Ergebnissen.
- Entscheidungen ziehen sich ewig hin, weil alle miteinbezogen werden sollen.
- Ich will keinen Helden als Chef, den ich bewundern soll, sondern ein Unternehmen, das die Werte auch lebt, mit denen es wirbt.
- Am Ende braucht es eine Person, die klare Anweisungen gibt.

Vorbild Evolution: Arbeit und Organisation neu denken

Uns inspirieren vielmehr Visionen wie die der evolutionären Organisation von Frederic Laloux.[8] Dieser sah die Notwendigkeit, einen neuen Weg zu finden, und suchte sich für seine Recherchen „bahnbrechende" Organisationen aus. Dort analysierte er Strukturen und Arbeitspraktiken zu Themen wie Informationsfluss, Entscheidungsfindung, Mitarbeitendenbeurteilung, Budgeterstellung und Zielfestlegung. Herausgekommen ist schließlich ein Leitfaden, wie sich sinnstiftende Formen der Zusammenarbeit in evolutionären Organisationen gestalten lassen.

Wie arbeiten evolutionäre Organisationen?

Auffallend viele Gründer der von Laloux untersuchten Organisationen verwendeten die Metapher der „lebenden Organismen" oder „lebendigen Systeme" für ihren Weg. Da entstehen gleich ganz andere Bilder im Kopf: Ökosysteme von unglaublicher Schönheit, die sich laufend verändern und wieder neu zusammensetzen. Solche Ökosysteme können sich der Umwelt anpassen, sie zerbrechen nicht unter Druck.

Wie transformieren wir nun aber traditionelle Unternehmen zu evolutionären Organisationen? Laloux konnte drei charakteristische Faktoren ausmachen:

- **Selbstführung**
  Hierarchie kann mit Komplexität nicht umgehen. Evolutionäre Organisationen haben ihre Strukturen verändert, von hierarchisch-bürokratischen Pyramiden hin zu wirkungsvollen und fluiden Systemen verteilter Autorität und kollektiver Intelligenz.

- **Ganzheit**
  Die meisten Menschen denken heute, es sei professionell, sich nur begrenzt und eher tough zu zeigen – Emotionen finden im Privaten statt. Evolutionäre Organisationen wollen den ganzen Menschen, der sich mehr und mehr mit seinem ganzen Selbst in die Arbeit einbringt.

- **Evolutionärer Sinn**
  Statt Zukunft langfristig voraussagen zu wollen und Kontrolle auszuüben, laden evolutionäre Organisationen ihre Mitglieder dazu ein, das WOFÜR der Organisation laufend mitzuentwickeln.

Der Haken:
Das ist mehr Revolution als Evolution

Das ist natürlich überspitzt formuliert. Es gibt eine ganze Reihe von Führungskräften, die sich schon lange für das Thema interessieren. Sie arbeiten bereits daran, ihre Rolle so zu verändern, dass sich ihre Teams selbst organisieren können. Bei vielen anderen löst der Gedanke an so viel grundlegende Veränderung jedoch Ängste aus. Sei es vor Bedeutungsverlust, vor dem Loslassen von Kontrolle oder davor, noch mehr Verantwortung tragen zu müssen.

Vielleicht beruhigt hier der Gedanke, dass es einerseits ein längerer Prozess sein wird, diese Stufe der Organisationsentwicklung zu erklimmen, andererseits aber auch niemals alle Unternehmen so aufgebaut sein werden. Für die persönliche Zufriedenheit kann es allerdings ein durchaus erstrebenswertes Ziel sein, so eine Organisation mitzugestalten und Teil davon zu sein!

Aber Schritt für Schritt. Zunächst erwartet uns wahrscheinlich eine Phase mehr oder weniger hybrider Modelle. Und um sich hier bestmöglich zu positionieren, möchten wir dir mit unserem Buch statt der transformationalen die **transformative Führungskultur** ans Herz legen.

Wir erlauben uns, diesen Begriff aus dem Konzept des **transformativen Lernens** zu übernehmen. Denn wir denken, dass in Zeiten ständigen und lebenslangen Lernens dies der Weg sein könnte, um leichter und erfolgreicher miteinander evolutionäre Organisationen zu schaffen.

Transformatives Lernen stößt signifikante Veränderungen an

Wir haben alle unsere Glaubenssätze, Überzeugungen, Erwartungen und Denkgewohnheiten, die uns treu durchs Leben begleiten – ob sie nun hilfreich sind oder nicht. Veränderung gelingt uns dann besonders gut, wenn wir uns diese Denkmuster bewusst machen, sie mit unseren Zielen abgleichen und dann entsprechend transformieren. Soweit die transformative Lerntheorie, die in den 1970er Jahren von dem US-amerikanischen Soziologen Jack Mezirow begründet wurde. Im angelsächsischen Raum gilt die transformative Lerntheorie bis heute als bedeutendster Ansatz in der Erwachsenenbildung, in Europa muss man länger nach konkreten Anwendungsbeispielen suchen.

Der Nutzen erschließt sich schnell: Wenn die Herausforderungen im Leben und in der Arbeit immer komplexer werden, dann reicht es immer weniger, einfach „nur" Wissen zu vermitteln. Die Wissensmenge ist so groß und verpufft ungenutzt, wenn das Wissen nicht in den persönlich relevanten Kontext gesetzt wird und zu neuem Denken und Handeln anregt.

Am besten gelingt das, wie schon Mezirow schrieb, durch Perspektivwechsel. Kann ich mich in die Lage eines anderen Menschen hineinversetzen, wird mir bewusst, dass man die Sache auch anders sehen, denken oder behandeln kann. Und dass das sogar sinnvoller oder erfolgreicher sein kann als meine bisherigen Strategien. Das zu erkennen, ohne sich selbst für die bisherige Denke zu verurteilen, schafft viel Freiheit, Energie und ein herrliches Gefühl der Selbstwirksamkeit.

Auf einmal stehen mir neue Reaktionsmuster in Stress- und Problemsituationen zur Verfügung. Statt zu ignorieren, schönzureden, zu vereinfachen oder auch kleinzumachen, kann ich mich über transformative Strategien **dem Problem pragmatisch lösungsorientiert und einkreisend nähern.** Und wenn ich diese Strategien als Führungskraft beherrsche, dann kann ich damit auch mein Team in der Transformation unterstützen.

Vom transformativen Lernen zum transformativen Führen

Wir wollen natürlich nicht den Eindruck erwecken, Führungskräfte sollten wie Lehrkräfte denken und handeln. Wir wollen vielmehr das Beste und Praktikabelste aus verschiedenen Ansätzen neu zusammensetzen. Das heißt, aus dem

Transformationalen Führen

also dem charismatischen Leader, für den alle bereit sind, durchs Feuer zu gehen

und dem

Transformativen Lernen

also das Wissen zu hinterfragen, es in einen neuen Kontext zu setzen und die Perspektive zu wechseln,

wollen wir einen Führungsstil ableiten, der sowohl Vorbildfunktion vorlebt und sich selbst kontinuierlich reflektiert und weiterentwickelt, als auch auf Augenhöhe agiert und durch die richtigen Fragen an der richtigen Stelle echte Kollaboration und Fortschritt ermöglicht.

Das nennen wir Transformative Führung.

Transformative Führungskultur löst mehrere Probleme auf einmal

Was wir in unseren Interviews und Seminaren immer wieder hören, ist ein resigniertes „Ich habe doch jetzt schon zu wenig Zeit für alle meine Aufgaben, ich kann einfach nicht noch mehr kommunizieren!“.

Deshalb geht es auch nicht darum, noch mehr Gespräche zu führen, sondern wirkungsvollere. Um dann über das motivierte Engagement und die kreativen Lösungsideen der Mitarbeitenden eine deutliche Entlastung zu erfahren und die gewonnene Zeit in andere Aufgaben investieren zu können.

COMFORT ZONE

Dafür braucht man die richtige Gesprächstechnik, ein Grundwissen über Funktion und Wirkung von Coaching und dann einfach Übung. Allen diesen Punkten werden wir uns in den folgenden Kapiteln ausführlicher widmen.

In diesem Kapitel möchten wir zum Schluss noch auf die wichtigste Voraussetzung eingehen, damit du den maximalen Nutzen aus Technik und Übung ziehen kannst: dein Mindset.

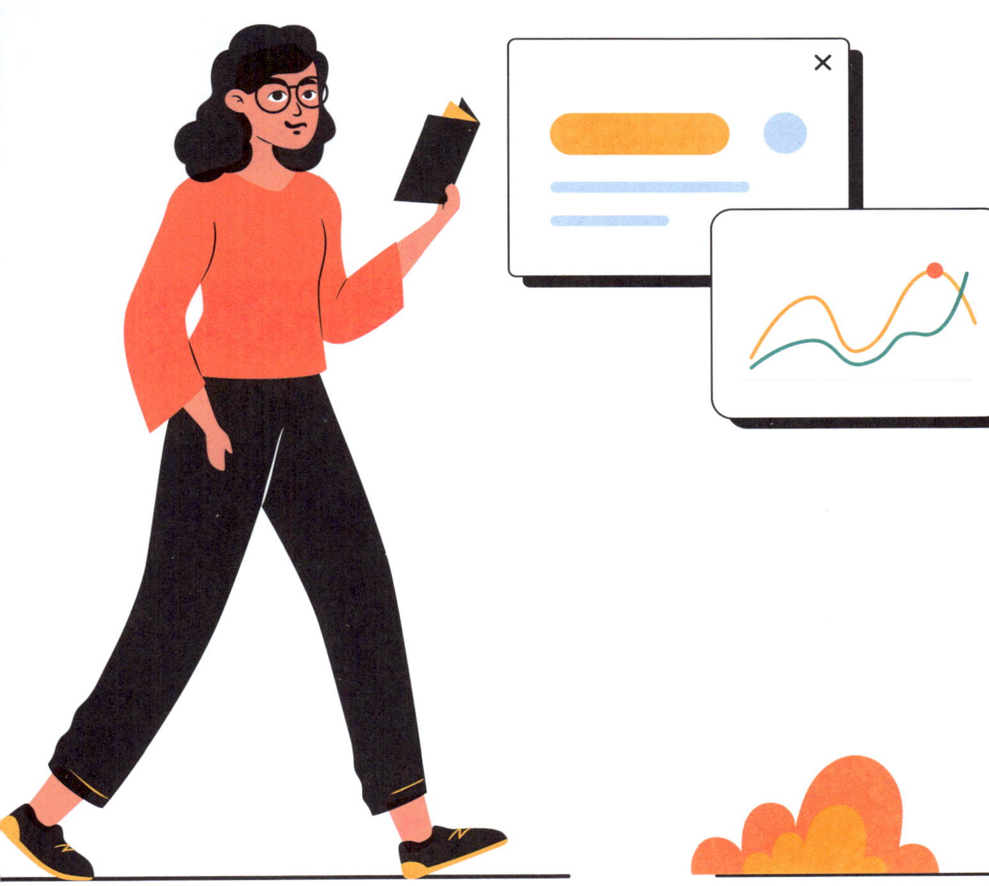

LEARNING ZONE

Growth Mindset

Veränderung beginnt im Kopf

Unsere Einstellung beeinflusst maßgeblich, wie wir mit Situationen umgehen. Auch mit Veränderung. Oft ist uns aber gar nicht so bewusst, was wir den ganzen Tag über denken oder wie unsere Einstellung zu bestimmten Themen konkret aussieht. Wie sollen wir da wissen, ob unsere Haltung hilfreich oder hinderlich ist?

Was bedeutet Führung für dich? Schreibe jetzt einfach mal drei bis fünf deiner Überzeugungen zum Thema Führung auf:

In der folgenden Liste findest du eine typische Ansammlung von limitierenden Glaubenssätzen und dazu Anregungen, wie du diese in hilfreiche neue Denkmuster umwandeln kannst.

Beobachte dich in den nächsten Tagen immer wieder: Welche Sätze aus der linken Spalte tauchen immer wieder bei dir auf? Wie du sie konkret umwandeln kannst, erfährst du am Ende des Buches auf Seite 260.

Alte Sprüche	**Neue Denke**
„Als Führungskraft muss ich mehr wissen als mein Team."	„Meine Aufgabe ist es sicherzustellen, dass im Team das größtmögliche Potenzial an Wissen, Kreativität und Gestaltungskraft vorhanden ist."
„Als Führungskraft muss ich besser sein als meine Mitarbeiter."	„Nobody is perfect, but a team can be." (Meredith Belbin, Psychologe und Bildungsexperte)
„Diese Aufgabe kann nur ich erledigen."	„Wenn Aufgaben sinnvoll im Team verteilt werden, können wir mehr erreichen."
„Ich gehe auf Nummer sicher und setze ausschließlich meine bewährten Strategien ein."	„Die komplexe Welt verlangt neue Denkansätze und innovative Wege."
„Bezahlung ist genug Motivation."	„Wertschätzung erhöht die Motivation um ein Mehrfaches."
„Vertrauen ist gut, Kontrolle ist besser."	„Befähigte Mitarbeiter üben Selbstkontrolle aus."
„Es gibt nur eine Richtung und das ist meine Richtung."	„Mehr Perspektiven erhöhen die Erfolgschancen."
„Ich lasse die jetzt mal einen Kurs machen und dann ist wieder fünf Jahre Ruhe."	„Change ist immer. Ich unterstütze meine Mitarbeiter darin, ständig weiterzulernen."

Alte Sprüche	Neue Denke
„Nur die Ergebnisse zählen."	„Engagierte Menschen bringen viel bessere Ergebnisse."
„Als Führungskraft muss ich immer beschäftigt sein."	„Erfolgreiche Führung braucht Raum zur Reflexion, um sich immer wieder auf das Wesentliche zu konzentrieren."
„Es ist meine Aufgabe, meine Mitarbeiter glücklich zu machen."	„Es ist meine Aufgabe, meine Mitarbeiter in die Selbstverantwortung zu bringen, denn mündige Menschen sind fähig, ihre Probleme selbst zu lösen"
„Ich bin seit 20 Jahren Chef, ich muss mich nicht mehr weiterbilden."	„Erfahrung ist kostbar. In Kombination mit lebenslangem Lernen wird sie unschlagbar."
„Niemand hört mir zu."	„Ich höre zu."
„Wer Visionen hat, soll zum Arzt gehen." (Helmut Schmidt, ehem. deutscher Bundeskanzler)	„Führung ist die Fähigkeit, Visionen Wirklichkeit werden zu lassen."
„Immer muss ich alles selbst machen."	„Ich schaffe die Bedingungen, dass jeder sich einbringt und das macht, wozu er fähig ist."
„Ich habe keine Zeit."	„Ich nehme mir die Zeit, das Wesentliche zu identifizieren. Dann habe ich genug Zeit für die Umsetzung."
„Ich habe schon alles versucht."	„Es gibt immer eine Lösung, an die wir noch nicht gedacht haben."
„Das geht bei uns nicht."	„Wo Widerstand, da ist Potenzial."

Alte Sprüche	Neue Denke
„Das steht so nicht in meiner Stellenbeschreibung."	„Dazulernen, neue Impulse und Kontakte bringen mich weiter."
„Ich habe die Lösung, mein Team setzt um."	„Ich führe das Team dazu, die besten Lösungen zu finden und umzusetzen."
„Wer stört, wird auf Linie gebracht."	„Querdenken fördert neue und innovative Lösungen."
„Ich hole mir Menschen in mein Team, die so denken wie ich."	„Diversität und Diskurs fördern Fortschritt."
„Bloß keinen Fehler machen."	„Scheitern ist der erste Meilenstein auf dem Weg zum Erfolg."
„Wenn ich mein Wissen teile, mache ich mich selbst überflüssig."	„Geteiltes Wissen vermehrt sich exponentiell."

Veränderung beginnt im Kopf

Damit kennst du nun das Mindset, mit dem du besser und erfolgreicher an die komplexen Herausforderungen von heute herangehen kannst. Aber wie installierst du es fest in deinem Denken, um dich auch entsprechend zu verhalten?

Und wie gewinnst du dein Team dafür?

Die Lösung: Coaching-Kompetenz auf allen Ebenen

Unter Coaching-Kompetenz verstehen wir die Fähigkeit, andere Menschen bei der Entwicklung eigener Lösungen zu begleiten und zu fördern. Dabei kann es sich um Mitarbeitende, Kollegen oder Kunden handeln. Über die methodischen Hintergründe und vor allem konkrete Fallbeispiele sprechen wir noch ausführlicher ab Kapitel 2. An dieser Stelle nur so viel dazu, wie die Voraussetzungen für den erfolgreichen Einsatz von Coaching-Kompetenz aussehen:

- ein offenes Menschenbild: „Mein Gegenüber hat wertvolle Stärken, die zum Erreichen unseres gemeinsamen Ziels beitragen können."
- eine fragende Grundhaltung: „Wie denkst, fühlst, handelst du eigentlich? Und zu welchen Erkenntnissen kommst du in deinem Umfeld?"
- das Beherrschen der grundlegenden Fragetechnik und Methoden, um diesen Zugang zueinander zu finden.

Mit Coaching-Kompetenz können wir sowohl das Selbstbewusstsein unseres Gegenübers als auch seine Kreativität stärken.

Mit Coaching elementare Schlüsselkompetenzen fördern, die wir morgen brauchen

Laut einer aktuellen qualitativen Studie mit Personalexperten kommt es vor allem auf sieben Metakompetenzen an, um zukunftsfähig zu sein:[9]

- **Selbstorganisation:** hier speziell die Fähigkeit, klare Ziele zu formulieren und zu verfolgen – geprägt von Vertrauen zueinander und dem Bewusstsein, aus Fehlern zu lernen
- **Lernkompetenz:** als täglicher und kontinuierlicher Bestandteil der Arbeit
- **Resilienz:** souveräner Umgang mit schwierigen Situationen, für den Erhalt der eigenen psychischen Gesundheit
- **Kommunikationskompetenz:** Erkenntnisse aus dem eigenen Arbeitsbereich auf den Punkt bringen und verbreiten, Konflikte auflösen
- **Digitale Grundkompetenz:** valide Informationen recherchieren, digitale Konzepte verstehen, passende Lösungen auswählen
- **Kundenorientierung:** sich in den Kunden hineinversetzen und seine Wünsche verstehen können
- **Selbstreflexion:** neue Bedingungen mit den eigenen Bedürfnissen in Einklang bringen

Der letzte Punkt, die Selbstreflexion, ist die allerwichtigste Metakompetenz in der neuen Arbeitswelt. Denn sie kann sich positiv auf alle anderen sechs Fähigkeiten auswirken.

Ein coachender Führungsstil bringt die Menschen immer wieder in die eigene Selbstreflexion und fördert damit deren kontinuierliche Weiterentwicklung.

Was du aus **Kapitel 1** mitnehmen kannst

- **Lust auf Führung bedeutet gleichzeitig Lust auf eine aktive Mitgestaltung der Zukunft.**
- **Je höher die Zweifel der Führungskraft ausgeprägt sind, desto weniger verbessern sich Produktivität und Zufriedenheit im Team.**
- **Wissen wird allen zugänglich gemacht, geteilt und immer wieder erweitert.**
- **Ideenentwicklung und Lösungsgestaltung wird von allen wahrgenommen.**
- **Die besten Teams sind selbstlernende Organisationen.**
- **Eine transformative Führungskultur sorgt für wirkungsvollere Gespräche, die Mitarbeitende motivieren, ihre Ideen in die Lösungsfindung einzubringen. Das entlastet Führungskräfte signifikant.**
- **Mit Coaching-Kompetenz stärken Führungskräfte sowohl das Selbstvertrauen als auch die Kreativität der einzelnen Teammitglieder – und von sich selbst.**
- **So entwickeln alle ihre für morgen existenziellen Metakompetenzen laufend weiter.**

"Führungsnachwuchs bekommt man nicht in neun Monaten."

Hans Merkle
deutscher Manager

… oder vielleicht doch?

die du dir jetzt stellen kannst

Welche alten Glaubenssätze zum Thema Führung hast du automatisch übernommen?

Von welchen könntest du dich verabschieden?

Wie viel Prozent deiner Zeit verbringst du noch damit, alles selbst zu recherchieren, zu regeln, vielleicht auch zu kontrollieren?

Vertraust du deinen Mitarbeitenden, ihren Bereich gut im Griff zu haben? Wie zeigst du das?

Sind sie daran gewöhnt, zuverlässig alles Wissenswerte für dich auf den Punkt zu bringen? Wie?

Bringen alle regelmäßig Verbesserungsideen ein?
Wie förderst du das?

Wie sieht deine
Feedback-Kultur aus?

Wie gehst du mit
Fehlern um?

Fazit:
Wo siehst du deine größten Entwicklungsfelder?

Kapitel 2
Was bringt mir Coaching-Kompetenz?

„Führungskräfte müssen heute aktiv an Kulturveränderung und Organisationsentwicklung mitarbeiten. Das gelingt ihnen, indem sie Orientierung stiften und Rahmenbedingungen schaffen, in denen ihre Teams selbstorganisiert die besten Ergebnisse erzielen können."

Heike Koos,
Personal- und Organisationsentwicklerin,
Fraunhofer-Gesellschaft

"Wessen wir am meisten im Leben bedürfen, ist jemand, der uns dazu bringt, das zu tun, wozu wir fähig sind."

Ralph Waldo Emerson,
US-amerikanischer Philosoph und Schriftsteller

GROW

Man wird, wie man gesehen wird

Unsere Gedanken über uns selbst und über andere haben die Macht, Realität zu werden. In der Forschung hat sich die Wirkung der „selbsterfüllenden Prophezeiung" als Pygmalion-Effekt etabliert, und sie liefert uns wertvolle Hinweise, wie wir als Führungskräfte leistungsfähige Teams bestmöglich aufbauen, fördern und motivieren.[1]

Ausgangspunkt sind Experimente des deutsch-amerikanischen Psychologen und Harvard-Professors Robert Rosenthal, der sich in den 1960er Jahren mit den Auswirkungen einer positiven Erwartungshaltung auf Leistungsergebnisse beschäftigte. Zusammen mit Lenore Jacobson, ebenfalls Psychologin und Leiterin einer Grundschule, wies er nach: Wenn Lehrenden suggeriert wird, dass einige ihrer Schüler*innen besonders begabt seien, dann fördern sie diese unbewusst so, dass sich am Ende tatsächlich ihre Leistungen verbessern.

„Pygmalion" nach dem Theaterstück von George Bernard Shaw:
Eine Person aus einer unteren Schicht wird
für ein Mitglied der Oberschicht gehalten
und entsprechend behandelt.

Das Experiment zum Pygmalion-Effekt:

Robert Rosenthal und Lenore Jacobson erklärten den Lehrenden, über einen wissenschaftlichen Test die Leistungspotenziale der Kinder einschätzen zu wollen, um so die 20 Prozent zu ermitteln, die kurz vor einem Entwicklungsschub ständen. Bei ihnen könne man im nächsten Jahr mit besonderen Leistungssteigerungen rechnen.
Tatsächlich führten die beiden Forschenden jedoch einen IQ-Test durch und losten die 20 Prozent der angeblich potenzialträchtigsten Kinder einfach aus. Acht Monate später maßen sie den IQ erneut und stellten fest: Die ausgelosten 20 Prozent zeigten deutlich größere IQ-Steigerungen als die Kontrollgruppe! Da außer der Information an die Lehrerenden über das vermeintliche Leistungssteigerungspotenzial alle anderen Bedingungen konstant blieben, lag der Schluss nahe: Die faktische Leistungssteigerung der Kinder ging auf die Erwartungen der Lehrenden gegenüber diesen Schüler*innen zurück.

Was bedeutet das für unseren beruflichen Alltag? Und für unsere Karrieren?

Auch für Mitarbeitende stehen die Einschätzung ihrer Leistungsstärke und ihre Außenwirkung in engem Zusammenhang.

Ein kleines Selbstexperiment:
Stell dir vor, du denkst:
„Hoffentlich mache ich meinen Job gut."
Wie selbstbewusst fühlst du dich bei diesem Gedanken?

Dann stell dir vor, du weißt ganz genau:
„Ich werde meinen Job mit Sicherheit gut machen!"
Wie fühlt sich das an?

Und jetzt stell dir vor:
„Ich bin brillant in meinem Bereich und eine Bereicherung für das Team!" Wie viel Energie setzt dieser Gedank bei dir frei?

Möglicherweise sind diese Gedankenspiele so ungewohnt für dich und du spürst zunächst keine Unterschiede. Fakt ist jedoch: Deine Ausstrahlung entscheidet maßgeblich über deine nächsten Karriereschritte – meist mehr als deine Leistungen.

Denn deine Ausstrahlung setzt einen positiven Kreislauf in Gang: Sie bringt Vorgesetzte dazu, ebenfalls an den Erfolg zu glauben und sich häufiger nach dem Fortschreiten der Arbeit zu erkundigen. Dieses Interesse stärkt wiederum dein Selbstbewusstsein und den Glauben an deine Leistungsfähigkeit.

Fazit:
Je positiver die Grundeinstellung des Mitarbeitenden, desto größer das Vertrauen der Führungsebene und desto größer die Wahrscheinlichkeit einer schnelleren Beförderung.

So wirkt der Pygmalion-Effekt für dich als Führungskraft

Es kann verlockend sein, sich als Führungskraft von den selbstbewusstesten Mitarbeitenden mitreißen zu lassen. Das birgt jedoch das Risiko, viel kostbares Potenzial zu übersehen. Denn die Gedanken und Ideen der zurückhaltenden Teammitglieder bleiben oft ungehört, weil sie (mitunter) voller Selbstzweifel vorgebracht werden.

Wenn dir jedoch der Effekt bewusst ist, dann kannst du deine Mitarbeitenden individuell einschätzen und maßgeschneidert fördern. Du beobachtest gezielter auch die Stilleren in deinem Team und prüfst bewusster die bereits positiv Bewerteten, ob hier Erwartung und Leistung tatsächlich übereinstimmen.

Dabei helfen dir zum einen die Fragetechniken, die wir dir im weiteren Verlauf des Buches vorstellen werden. Zum anderen unterstützt dich das Wissen um den sogenannten **Galatea-Effekt,** einer Adaption des Pygmalion-Effektes auf das Management. Der Begriff wurde in den 1990er Jahren von Dov Eden kreiert, einem israelischen Professor für Psychologie und Management. Eden hält fest, dass die positive Erwartungshaltung von Führungskräften die Selbstwirksamkeitserwartung seiner Mitarbeitenden erhöht. Sie vertrauen also mehr in ihre eigene Handlungsfähigkeit – und leisten entsprechend mehr beziehungsweise sind engagierter.[2]

Galatea ist in der griechischen Mythologie
eine Elfenbeinfigur, die vom Bildhauer Pygmalion
erschaffen wurde und in die er sich verliebt,
als sie zum Leben erwacht.

Fazit: Über wohlwollende Beobachtung, stärkengerechten Einsatz, positives Feedback und eine coachende Grundhaltung können Führungskräfte die Menschen in ihren Teams über sich hinauswachsen lassen und deutlich erfolgreicher machen.

Das Gleiche gilt aber auch für den umgekehrten Weg – den sogenannten Golem-Effekt. Negative Erwartungen einer Führungskraft an einen Mitarbeitenden führen dazu, dass dieser auch geringere Erwartungen an sich selbst hat und damit die Leistung und das Vorankommen stark beeinträchtigt werden.[3]

Andere wachsen lassen – coachend oder beratend?

Coaching liegt im Trend. Vor allem jüngere Menschen berichten voller Stolz, wenn ihr Unternehmen ihnen ein Coaching spendiert hat, als Wertschätzung, weil man Potenzial in ihnen sieht. Coaching als Statussymbol sozusagen. Unterhält man sich länger mit den Gecoachten, fällt schnell auf, dass die Vorstellungen von und die Erfahrungen mit Coaching sehr unterschiedlich sein können.

Nicht selten entpuppt sich das Geschilderte als Beratung, in der erfahrenere Mentor*innen oder beauftragte Consultants den Mitarbeitenden sagen, wie sie ihre persönlichen und beruflichen Kompetenzen weiterentwickeln können. Dieses Vorgehen hat durchaus seine Berechtigung. Doch in bewegten und disruptiven Zeiten wie heute stößt es definitiv an seine Grenzen.

Coaching wie wir es leben und lehren, kann wirklich selbstlernende Organisationen schaffen. Organisationen, die in der Lage sind, sich aus ihrer eigenen Kraft heraus kontinuierlich weiterzuentwickeln. Dieses Coaching hat die Kraft, eine Organisationskultur maßgeblich mitzugestalten. Und mit der entsprechenden Ausbildung und Erfahrung können coachende Führungskräfte ihre Mitarbeitenden dabei unterstützen, ihr ganzes Potenzial zu entfalten. Damit sie ihrem Wirken viel mehr Qualität und Durchschlagskraft verleihen.

Abgesehen davon: Wer sich Coaching-Kompetenz aneignet, entwickelt sich selbst laufend weiter. Dieser Mensch erschließt sich dabei Stärken und Potenziale, die ihm vorher noch nicht bewusst waren. Er kann gar nicht anders, als zu wachsen. So lernt er ganz nebenbei auch, mit Unsicherheit umzugehen – wie wir es aktuell eben auch brauchen.

Vom Beraten zum echten Weiterentwickeln

Interessant ist, dass die meisten Führungskräfte von sich denken, sie seien gute Coaches – unabhängig davon, ob sie eine entsprechende Ausbildung durchlaufen haben oder nicht. Herminia Ibarra, Professorin an der London Business School, und Anne Scoular, Professorin an der University of Oxford, beschreiben in der Harvard Business Review sehr anschaulich, was sich nach solchen Aussagen oft in Rollenspielen zeigt: Die meisten Führungskräfte sind durch ihre Ausbildung und ihre persönlichen Erfahrungen so auf „Tell and sell" geeicht, dass es ihnen zunächst gar nicht möglich ist, eine echte „Ask and listen"-Haltung einzunehmen. Tief in ihrem Inneren steht ihre Meinung über das richtige Vorgehen bereits fest, noch bevor ihr Gegenüber überhaupt ein Wort gesagt hat.[4]

Das funktioniert häufig nicht optimal. Mitarbeitende spüren, ob das Interesse echt ist oder ob ihnen nur alter Wein in neuen Schläuchen verkauft werden soll, um es mal überspitzt auszudrücken. Statt Motivation und Potenzialentfaltung erreicht dieses Vorgehen im schlimmsten Fall ein anhaltendes Dichtmachen des Mitarbeitenden.

Aus vielen Jahren praktischer Erfahrung in der Ausbildung von Coaching-Kompetenz wissen wir: Mit den richtigen Coaching-Grundlagen und entsprechender Übung kann jeder ein besserer Coach werden. Vor allem, wenn er die Unterschiede der Herangehensweisen wirklich verstanden hat.

Was alles Coaching genannt wird ...[5]

Mit hohem Info-Input	**direktives Anleiten**	**situatives Coaching**
Mit geringem Info-Input	**Laissez-faire**	**offenes Coaching**
	Setzt wenig Energie frei	Setzt viel Energie frei

Alle vier Stile haben ihre Berechtigung in bestimmten Situationen. Und man muss auch als Führungskraft nicht im Dauer-Coaching-Einsatz sein. Aber es hilft, die Unterschiede zu kennen, um bewusst variieren zu können:

Beim **direktiven Anleiten** (links oben) handelt es sich NICHT um Coaching. Hier findet sich vielmehr das, was wir unter Mentoring oder Beratung verstehen: Jemand mit Erfahrung oder einem bestimmten Auftrag teilt sein Wissen darüber, was wie getan werden sollte. Das Gegenüber nimmt so viel wie möglich davon auf. Dieses Vorgehen hat in vielen Situationen natürlich seine Berechtigung, aber auch Nachteile. Es setzt weniger Energie frei, weil das Gegenüber keinen Zugriff auf die eigenen Potenziale bekommt.

Zum Glück gibt es auch immer wieder Zeiten, in denen Teams äußerst produktiv und von allein ihre Arbeit voranbringen. Hier kann die Führungskraft auch einfach mal **Laissez-faire** (links unten) walten lassen – das hat natürlich auch NICHTS mit Coaching zu tun.

Unter **offenem Coaching** (rechts unten) verstehen wir das vollkommen absichtslose Fragen und Zuhören, frei von jeglicher Wertung. Ein Stil, der die Coachees zu neuen eigenen Einsichten und Lösungsideen führen will. Er soll sie in die Lage versetzen, auch schwierige Situationen aus eigener Kraft zu bewältigen, indem sie auf ihre persönlichen Muster des Gelingens zurückgreifen. Das ist ein für den Coachee höchst energetisierendes Vorgehen. Viele Führungskräfte tun sich im beruflichen Kontext jedoch schwer damit, weil ihnen die Ergebnisorientierung fehlt.

Für sie ist das **situative Coaching** (rechts oben) die Königsdisziplin. Auch hier wird auf persönliche Erfolgsmuster zurückgegriffen, allerdings um Lösungsideen für konkrete Situationen in der aktuellen Arbeitspraxis zu finden.

Alle, die sich beim letzten Absatz schon gefreut haben, müssen jetzt stark sein: **Situatives Coaching funktioniert nur dann richtig gut, wenn die Führungskraft das offene Coaching so gut beherrscht, dass es ihr allmählich zur zweiten Natur wird.** Erst dann kann sie mit allen vier oben beschriebenen Stilen jonglieren und sie situativ passend einsetzen.

Führungskräfte mit Coaching-Kompetenz machen den Unterschied

Wir sind der Überzeugung:

Je besser der Selbstlern-Mechanismus von Teams oder Organisationen funktioniert, desto stärker sind sie für all die unkalkulierbaren Momente gewappnet, die auf uns zukommen.

Diese Erkenntnis lohnt noch mal einen genaueren Blick auf das Thema Lernen. Eine aktuell viel zitierte Arbeit dazu ist die Hattie-Studie, eine quantitative Synthese von über 800 Metaanalysen zum Einfluss verschiedener Merkmale auf den kognitiven Lernerfolg von Schüler*innen.[6] Ganz vorne stehen:

- **Selbstreflexion:**
  Schüler*innen, die sich und ihre Fähigkeiten gut einschätzen können, sind erfolgreicher.

- **Feedback:**
  Lehrkräfte, die eine gute und gegenseitige Feedback-Kultur mit ihren Schüler*innen pflegen, erzielen die besten Lernerfolge in ihren Klassen.

Diese Einsichten gelten unserer Meinung nach für Menschen aller Altersstufen. Und weil wir alle in Zukunft lebenslang lernen sollen, gehen wir sogar noch weiter und formulieren Hatties Fazit „Teachers make the difference" um in „Führungskräfte machen den Unterschied".

Denn als Führungskraft bist du dafür verantwortlich, dieses Lernklima zu ermöglichen. Am besten, indem du einerseits deine eigene Selbstreflexion immer weiterentwickelst und die deiner Mitarbeitenden förderst. Und indem du andererseits das Thema Feedback-Kultur grundsätzlich neu denkst (siehe Kapitel 5).

Moderne Führungskräfte unterstützen Individuen und Teams dabei, ihr eigenes Potenzial zu leben

„Kein einzelner Faktor ist für den Erfolg Ihres Unternehmens so wichtig wie die Qualität Ihrer Manager und Teamleiter“ , schreiben die beiden Gallup-Größen Jim Clifton und Jim Harter.[7] Nach Gesprächen mit führenden Wirtschaftswissenschaftlern und mit Personalverantwortlichen aus dreihundert der weltgrößten Unternehmen stellen sie zwar fest, dass die nachlassende Dynamik und schwindende Produktiviät (Pro-Kopf-BIP) der Weltwirtschaft ein ernstes Problem sei. Gleichzeitig ziehen sie jedoch den Schluss, dass sich diese Probleme beheben lassen. Denn hier „handelt es sich um Versäumnisse im Ausschöpfen menschlichen Potenzials“.

Ihre Forderung an Entscheider*innen: Bringe die Praxis des Managements in Einklang mit dem neuen Willen der Beschäftigten in der ganzen Welt.

Aber was wollen die Menschen denn? Einen guten Job!

Das Markt- und Meinungsforschungsinstitut Gallup erforscht seit 2001 weltumspannend die Frage, was Menschen unter einem „guten“ oder „großartigen Job“ verstehen. Die Antwort lautet: Es ist eine Vollzeittätigkeit mit mehr als dreißig Wochenstunden und einem Gehalt, von dem man leben kann, außerdem soll die Arbeit als sinnvoll und erfüllend empfunden werden und das Gefühl geben, persönlich wachsen und sich weiterentwickeln zu können.

Bedauerlicherweise bezeichnen nur rund 15 Prozent der Beschäftigten ihren Job als derart gut. Die restlichen 85 Prozent geben an, keine emotionale Bindung zu ihrer Aufgabe zu empfinden, Dienst nach Vorschrift zu leisten oder gar ihren Job, die Chefs oder die Firma zu hassen.

Will ein Unternehmen rentabler werden, geben Clifton und Harter diesen Tipp: **Sorge dafür, dass deine Mitarbeitenden ihre Potenziale heben können, damit sie einen großartigen Job haben.** Denn dann sind sie gesünder und machen weniger Fehler. Sie genießen eine höhere Lebensqualität und bringen nicht nur ihr Unternehmen voran, sondern können auch andere begeistern und Probleme lösen.

Über Coaching-Kompetenz zu neuer Erfolgskultur

Laut Gallup verursachen emotional wenig oder gar nicht gebundene Mitarbeitende allein in den USA jährlich Kosten zwischen 960 Milliarden und 1,2 Billionen Dollar.[8]

Die emotionale Bindung lässt sich am besten erhöhen, wenn Führungskräfte coachende Elemente in ihren Alltag integrieren. Und zwar in diesen Bereichen:

- **Zielsetzungen:** Wer Ziele gemeinsam mit seinen Vorgesetzten entwickelt, ist mit viermal höherer Wahrscheinlichkeit emotional gebunden als seine Kolleg*innen.

- **Feedback:** Wer regelmäßig sinnvolles und konstruktives Feedback von seiner Führung erhält, ist mit dreimal höherer Wahrscheinlichkeit emotional gebunden als jemand, der nur einmal im Jahr oder noch seltener eine Rückmeldung bekommt.

- **Verantwortlichkeiten:** Wer zweimal im Jahr mit seinen Manager*innen im Austausch ist über seine Entwicklung, seinen Beitrag im Team sowie sein persönliches Befinden, der ist auch bereit, leistungsorientiert und fair Verantwortung zu übernehmen.

- **Leistungsmanagement:** Wer seine Leistungsbemessung mit seiner individuellen Entwicklung verknüpft sieht, empfindet sie nicht als Bedrohung, sondern als Anreiz, einen Beitrag zur Erreichung der Gesamtziele des Unternehmens zu leisten

Redewendungen repräsentieren und bestimmen Haltung

Hast du Lust auf einen Haltungsvergleich? Und ein paar Ideen, wie du deinem Denken einen kleinen Schubs in Richtung einer fragenden Grundhaltung geben kannst? Damit es dir leichter fällt, die kreative Auseinandersetzung mit Herausforderungen und Konflikten zu suchen? Damit du vielleicht noch offener für die Individualität deines Gegenübers wirst? Und dein Bewusstsein schärfst, dass die Verantwortung für dich, dein Denken, Fühlen und Handeln bei dir liegt?

Wer tief in das Thema Haltung eintauchen möchte, dem empfehlen wir Martin Permantiers Buch „Haltung entscheidet“ , aus dem die folgenden Beispiele stammen.[9] Hier beschränken wir uns der Anschaulichkeit halber auf den Vergleich, der im Augenblick immer noch häufig anzutreffenden rational-funktionalen Haltung gegenüber der systemisch-autonomen, die wir auch als fragende Grundhaltung bezeichnen. Achtung: Die rechte Spalte stellt nicht die Antwort oder bessere Variante der linken Spalte dar. Schau einfach mal, bei welchen Formulierungen auf der linken Seite du dich wiedererkennst und welche auf der rechten Seite womöglich auch attraktiv für dich klingen:

Rationalistisch-funktionale Sprachbilder	Systemisch-autonome Sprachbilder
„Das rechnet sich nicht."	„Wir müssen die Veränderung sein, die wir in der Welt sehen wollen."
„Ohne Fleiß kein Preis." „Zeit ist Geld." „Wissen ist Macht."	„Alles ist richtig, aber nicht gleichwertig."
„Aus Fehlern wird man klug."	„Unser Leben ist das, wozu es unsere Gedanken machen."
„Vertraue auf Gott, aber binde dein Kamel fest."	„Ich muss mir von meinem Gehirn nicht alles gefallen lassen."
„Ohne Kontrolle macht jeder, was er will."	„Die anderen sind autonome Wesen mit einer eigenen Wirklichkeit."
„Jeder hat die Führung, die er verdient."	„Führen heißt vor allem, Leben in Menschen zu wecken."
„Vertrauen ist gut, Kontrolle ist besser."	Der ethische Imperativ: „Handle stets so, dass weitere Möglichkeiten entstehen."
„Haste nichts, biste nichts – haste was, biste was."	„Jeder hat recht in seinem subjektiven Angst- und Denksystem."

"Führung funktioniert dann am besten, wenn vorgelebt wird, wie sich verschiedene Meinungen diskutieren lassen – und wenn die Auswirkungen des eigenen Handelns reflektiert werden. Das geht nur über eine offene Kommunikation."

Stephan Grunwald,
Senior Partner, 4C GROUP AG

Was du aus Kapitel 2 mitnehmen kannst

- **Unsere Gedanken über uns selbst und über andere haben die Macht, Realität zu werden.**
- **Mit Coaching-Kompetenz entwickelst du dich selbst laufend weiter und erschließt dir dabei Stärken und Potenziale, die dir vorher noch nicht bewusst waren.**
- **Coaching ist auch Handwerk: Mit den richtigen Grundlagen und entsprechender Übung kann jeder ein besserer Coach werden.**
- **Situatives Coaching funktioniert dann am besten, wenn die Führungskraft das offene Coaching beherrscht.**
- **Die Fähigkeit zur Selbstreflexion und eine gute Feedback-Kultur sind die wichtigsten Kriterien für ein erfolgreiches (Selbst-)Lernklima.**
- **Führungskräfte und Organisationen werden dann am erfolgreichsten, wenn immer mehr ihrer Mitarbeitenden ihre Potenziale ausleben, weiterentwickeln können und engagiert einsetzen können.**

Fragen,
die du dir jetzt stellen kannst

Was beziehungsweise wie denkst du üblicherweise über dich und andere? Eher positiv? Eher negativ? Unterschiedlich?

Was könntest du tun, um ein positiveres Bild von deinen Mitmenschen zu zeichnen?

Bist du eher zur Haltung „Tell and sell“ ausgebildet worden? Oder zu „Ask and listen“? Welche Haltung zeigen deine Vorbilder? Haben sie damit heute noch Erfolg?

In welcher Form reflektierst du regelmäßig deinen Führungsstil? Was könntest du tun, um häufiger in die fragende Haltung zu kommen?

Was tust du bereits, um in deinem Team ein gutes Lernklima zu erzeugen? Was könntest du noch verbessern?

Wie hoch ist der Anteil deiner Mitarbeitenden, die finden, dass sie einen großartigen Job haben? Wie kannst du diese Quote erhöhen?

Welche rational funktionale Redewendungen von Seite 81 helfen dir nicht mehr, welche möchtest du ersetzen?

Welchen der auf Seite 81 genannten systemisch-autonomen Sprachbilder möchtest du mehr Raum geben?

Was kannst du tun, um deine gewünschte Haltung zu stärken?

Kapitel 3

Wie komme ich in eine coachende Grundhaltung?

Kapitel 3: Wie komme ich in eine coachende Grundhaltung?

"Es braucht Courage, aufzustehen und zu reden. Genauso braucht es Courage, sich hinzusetzen und zuzuhören."

Winston Churchill,
britischer Staatsmann

"In Zukunft wird von Führungskräften immer mehr erwartet, ihre Leute zu begeistern, zu inspirieren und sie bei Ihrer Entwicklung zu unterstützen. Das ist anspruchsvoll und erfordert ein Umdenken bei Führungskräften und Organisationen. Aber nur so werden Organisationen die richtigen Talente finden und vor allem binden können."

Kerstin Rothermel,
Chief People Officer CPO,
Stepstone

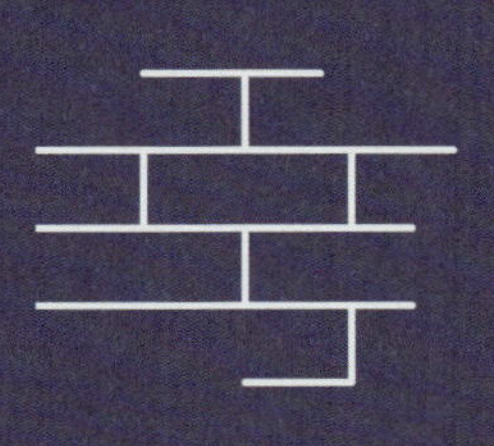

Die Basis für offene und situative Coaching-Gespräche: Konstruktivismus und systemischer Ansatz

Unsere Definition von Coaching-Kompetenz beruht auf dem **Konstruktivismus:**

Alles, was wir wahrnehmen, alles, was wir wissen, alle Erfahrungen, die wir machen und bereits gemacht haben – alle diese Informationen laufen in unserem Gehirn zusammen. Das Gehirn ist damit unser **wichtigstes Wahrnehmungsorgan.** Dabei sollten wir uns allerdings immer bewusst sein, dass dieses Organ keine absoluten Informationen liefern kann. Unser Gehirn selektiert, filtert, bewertet und interpretiert Informationen. So ist für ein Grundschulkind der 35-jährige Lehrer schon sehr alt, während ihn die Großeltern eher als ausgesprochen jung einstufen würden. Auch lässt sich das Gehirn gerne täuschen, wie Bücher mit optischen Täuschungen eindrucksvoll zeigen. Ganz entscheidend ist für unser Gehirn auch, aus welcher Perspektive das Geschehen betrachtet werden soll.

Was bedeutet das konkret? Auch wenn wir alle demselben Lehrer oder derselben Chefin lauschen – die Bilder, die in unseren Köpfen zum Gehörten entstehen, werden niemals die gleichen sein. Was bei uns hängen bleibt, das ist von unserem Vorwissen und unseren bisher mit dem Thema gemachten Erfahrungen geprägt. Da zwei Menschen niemals völlig identische Erfahrungen gesammelt haben oder identisches Vorwissen mitbringen, werden sie auch die „Realität" unterschiedlich betrachten.

Ein **Coach mit konstruktivistischer Grundhaltung** weiß daher:

- Es gibt nur subjektive Wahrheiten.
- Folglich können Bewertungen auch nur relativ sein.
- Probleme sind unterschiedlich zusammengesetzte Konstruktionen.
- Daher entstehen Lösungen, indem man das Konstrukt verändert.
- Sein eigenes Konstrukt muss und kann jeder nur selbst erkennen und verändern!

Ein Beispiel: Es regnet

Nehmen wir an, bei deinem letzten Regen war es kalt und windig und du bist tropfnass nach Hause gekommen. Dann wirst du den Regen in deiner subjektiven Realität als unangenehm abgespeichert haben.

War dein letzter Regen dagegen ein erfrischender Sommerguss, dann hast du ihn wahrscheinlich eher angenehm in Erinnerung.

Diese Erlebnisse prägen deine subjektive Wahrnehmung. Wenn dir jetzt jemand von einem Regen berichtet, werden bei dir entsprechende Assoziationen greifen.

Wenn du als Führungskraft also mit einem Teammitglied über einen konkreten Sachverhalt sprichst, dann werdet ihr beide euren subjektiven Blick auf die Angelegenheit haben. Doch als Coach kannst du deinem Coachee mithilfe von Fragen seine Konstruktion in Bezug auf sein Thema bewusst machen. Danach könnt ihr gemeinsam an einer Konstruktion arbeiten, die für seine Zielerreichung nützlich ist, zumindest nützlicher als die bisherige.

Doch wie finden wir heraus, welche Konstruktion gerade im Kopf unseres Teammitglieds existiert? Über den **systemischen Ansatz.** Er verkörpert eine Herangehensweise, die von folgenden Grundannahmen ausgeht:

- Wir alle sind Elemente in verschiedenen Systemen und stehen dort in **ständiger Wechselwirkung** zu den anderen. Bewegt sich eines der Elemente nur minimal, hat das Auswirkungen auf alle – wie bei einem Mobile über Kinderbetten. Also beschäftigt sich systemisches Coaching mit den Auswirkungen von Themen inner- und außerhalb des Coachee-Systems.

- Lebende Systeme reagieren vielfältig und unberechenbar. Folglich kann eine Coaching-Intervention bei einem Menschen **unendlich viele Reaktionsmöglichkeiten** auslösen. Es lohnt sich, Verschiedenes auszuprobieren, denn was bei der einen wirkt, kann beim anderen verpuffen und anders rum.

- Ausgiebige Ursachenforschung und Problemanalyse – also die Frage nach dem „Warum" – führt zu Rechtfertigungen und in rückwärtsgewandte Dauerschleifen über Täter und Opfer. Systemische Coaches fragen deshalb nach Zielen: „**Wofür** willst du dein Problem lösen? Was willst du erreichen?"

Das Instrumentarium des systemischen Coaching-Ansatzes besteht aus einer Reihe von Fragetypen. Diese Fragen fördern einerseits eine systemische Denk- und Handlungsweise beim Gecoachten, andererseits regen sie zu Lösungsideen an, die kreativ, ausbalanciert und nachhaltig sind.

Systemische Fragen fördern Innovation, Entwicklung und Wachstum

Was zeichnet systemische Fragen aus?

- Sie bringen uns schnell aus der Problembetrachtung in eine lösungsorientierte Haltung.
- Sie kurbeln ganz automatisch unsere Kreativität an. Denn unser Gehirn ist darauf ausgerichtet, ungelöste Fragen zu beantworten.
- Systemische Fragen laden uns immer dazu ein, die gewohnten und ausgetretenen Pfade unserer Gedankenwelt zu verlassen und neue Aspekte zu entdecken.
- Sie fördern den Perspektivwechsel.
- Sie ermöglichen den Zugang zu tiefen Einsichten und Erkenntnissen.
- Und sie arbeiten lange nach – auch wenn wir schon längst nicht mehr bewusst darüber nachdenken.

Wie viele systemische Fragen gibt es? Ein Blick in gängige Suchmaschinen liefert so ziemlich jede Antwort zwischen 5 und 400. Wir beschränken uns hier auf die wichtigsten 9 Fragetypen, die sich nahezu unbegrenzt variieren lassen.[1] Für den Anfang kommt man damit wunderbar zurecht und vor allem den unterschiedlichsten Konstruktionen und Wahrnehmungen auf die Schliche. Und je häufiger du sie einsetzt, desto spielerischer fallen dir Alternativen ein – versprochen.

Natürlich wirst du in Gesprächen nicht alle neun Fragentypen hintereinander abarbeiten. Doch wenn du mehrere miteinander kombinierst, beleuchtest du Themen, Hürden oder Probleme von allen Seiten.

Manche Fragearten werden dich zu innovativeren Lösungen führen, andere werden zu kleinen Schritten oder ersten Maßnahmen anregen, die endlich etwas in Gang setzen, das so lange vor sich hergeschoben wurde.

Was auch immer: Am Ende wird sich dein ganzes Team mit dir weiterentwickeln.

„Probleme kann man niemals mit derselben Denkweise lösen, durch die sie entstanden sind."

Albert Einstein,
einer der bedeutendsten theoretischen Physiker der Wissenschaftsgeschichte

Warum denn kein Warum?

Wenn es doch auch in der Übersetzung des modernen Managementbuchs von Simon Sinek heißt: „Frag immer erst: warum" – wieso verbannen wir das Frage-Wort dann in der transformativen Führungskultur auf die Ersatzbank? Diese Frage bekommen wir oft zu hören.[2]

Das englische „Why" in Simon Sineks Original-Buch „Start with why" bedeutet in diesem Kontext ein „Wofür" beziehungsweise „Wozu". Sinek vermittelt hier, dass wir Menschen Großartiges leisten können, wenn wir verstehen, wozu oder wofür wir etwas tun. Wenn wir den Sinn dahinter sehen und diesen teilen, dann sind wir motiviert und engagiert.

Im Deutschen ist die Frage „Warum" auf die Ursachenforschung gerichtet. Mit einer Warum-Frage begeben wir uns auf die Suche nach den Gründen, weshalb sich etwas so verhält, wie es sich verhält. Wir laden unser Gehirn ein, im Problem zu graben, in der Vergangenheit zu wühlen und Anhaltspunkte zu finden, warum etwas nicht läuft. Wir suchen nach Schuldigen und analysieren Fehler, dabei geraten wir schnell in eine Rechtfertigungsschleife.

Das ist nicht hilfreich, wenn wir Lösungen entwickeln wollen. Und wie es der amerikanische Psychotherapeut und Buchautor Steve de Shazer treffend auf den Punkt bringt:

„Es ist der Lösung auch völlig egal, wie das Problem entstanden ist."

Vielmehr geht es darum, möglichst schnell unsere kreative Kraft zu aktiveren, und dafür sollten wir in einem ressourcenstarken Zustand sein. Systemische Fragen wecken diese Ressourcen, denn sie ermöglichen neue Sichtweisen, fördern Einsichten und laden uns ein, die ausgetretenen Pfade unseres Denkens zu verlassen.

Die systemischen Fragen im Überblick

Der Reality Check

Mit Fragen aus dem Bereich des Reality Checks förderst du bei dir und deinem Gegenüber die Überprüfung eigener subjektiver Konstruktionen. Dabei geht es nicht darum, das Gesagte anzuzweifeln, sondern dazu einzuladen, seinen eigenen Gedanken-Ansatz zu einem Thema genauer anzuschauen.

- Ist das wirklich so? Was macht dich so sicher?
- Ist dieses Problem von dir lösbar?
- Kannst du dieses Ziel aus eigener Kraft erreichen?
- Ist das zielführend für das Thema?
- Bist du damit zufrieden?

Zirkuläre Fragen

Stell dir vor, du hast eine schwenkbare 360-Grad-Kamera auf Rollen mit Zoom und Weitwinkel, mit der du deine Umgebung aus allen Blickwinkeln abfilmen kannst. Du würdest plötzlich unglaublich viele Dinge um dich herum entdecken, die du so noch nie gesehen oder wahrgenommen hast.

Zirkuläre Fragen sind wie eine solche Kamera. Sie erlauben es dir, das Thema aus ganz unterschiedlichen Perspektiven zu betrachten und so Einsichten und Erkenntnisse zu gewinnen.

- Was würde eine andere Person zu deinem Thema sagen? (z. B. Freund*innen, Kolleg*innen, Geschäftspartner*innen, Fremde, Expert*innen etc.)
- Wenn ein Millionenpublikum, wie bei Big Brother, dir in den letzten Wochen zugeschaut hätte, was würde ihm auffallen zu dir, zu deinem Thema?
- Stell dir vor, du bist einer deiner Mitarbeitenden/Chefs, was würdest du dazu denken? Wie würdest du dich fühlen?
- Wie würde die Kollegin A dein Führungsverhalten beschreiben?
- Welchen Rat würde dir deine frühere Mentorin geben?
- Welche Tipps würde dir eine fortgeschrittene Version von dir selbst dazu geben?
- Was sagen andere Gutes über dich? Was schätzen andere an dir?
- Was würdest du denn als Mitarbeitende*r/ Chef*in/ Kund*in ... erwarten?
- Wenn dein Problem sprechen könnte, wie sähe seine Lösung aus?
- Angenommen, du könntest mir eine Anleitung geben, wie ich an diesem Punkt mit dir so umgehe, dass es perfekt zu dir und deinen Bedürfnissen passt: Wie würde diese Anleitung aussehen?
- Wie könnte man das Problem noch sehen?
- Was müsste ich dich jetzt noch fragen?

Ausnahmefragen

Wir legen nicht in allen Situationen das gleiche Verhalten an den Tag. Je nach Kontext, beteiligten Personen, Tagesform oder Außendruck können wir mal selbstbewusster, diplomatischer oder charismatischer auftreten – oder eben nicht.

Mit **Ausnahmefragen** kannst du generalisierte Erlebniswelten überprüfen, indem du nach solchen „anderen" Situationen fragst und daraus wiederum Muster des Gelingens ableiten. Daraus lassen sich dann Ideen entwickeln, wie solche Situationen künftig von vornherein günstiger gestaltet werden können.

- Gibt es Ausnahmen, bei denen du dein Problem nicht hast?
- In welcher Situation hast du dich schon mal ganz anders verhalten?
- Gibt es Ausnahmen, die deine Überzeugung nicht bestätigen?
- Wann war dein Verhältnis zu XY das letzte Mal etwas weniger belastend?
- Ist es manchmal anders? Und treten die Schwierigkeiten dann weniger oder gar nicht auf? Was ist dann anders, wenn sie nicht auftreten?
- Was können wir als Team tun, damit diese Dinge häufiger passieren?

Driver's Question

Wer sitzt denn am Steuer unseres Lebens? Wir selbst. Wir verlieren diese Tatsache nur manchmal aus den Augen und haben stattdessen das Gefühl, in einem Bus zu sitzen und das Fahrtziel, die Geschwindigkeit oder gar die Bequemlichkeit der Reise nicht beeinflussen zu können.

Mit den Fragen aus dem Bereich der **Driver's Question** setzen wir uns wieder an Steuer, diese Frageart rückt den eigenen Anteil am Geschehen deutlich in den Fokus.

- Wie genau machst du dein Problem?
- Wie schaffst du es, dein Problem genau auf diesem Stand zu halten?
- Wenn ich dein Problem haben möchte: Was müsste ich dafür tun, denken oder fühlen?
- Wie schaffst du es, die Situation schon so lange auszuhalten?

Reframing-Fragen

Was könnte Gutes im Schlechten und was könnte Schlechtes im Guten stecken? Mit dieser Frageart ermöglichen wir es, einen Sachverhalt in einen anderen Rahmen (Frame) zu stellen. So eröffnen wir einen Prozess des Umdeutens, des Einnehmens einer neuen Perspektive, einer neuen Art der Wahrnehmung, einer neuen Interpretation **(Reframing).** Wir können damit einladen, einen Sekundarnutzen zu erkennen.

- Wenn dein Problem einen Nutzen hätte, welcher wäre das am wahrscheinlichsten?
- Stell dir vor, das Problem ist weg: Was könnte dir dann fehlen?
- Was wäre das Gute, wenn du dein Ziel nicht erreichst?
- Wozu könnte es auch gut sein, dass es (jetzt noch) so schwierig ist?
- Wenn dein Problem sprechen könnte: Was will es dir sagen? Wofür brauchst du es?
- In welchen Situationen könnte dein Problem von Nutzen sein?

Auswirkungsfragen

Dieser Fragetypus lenkt den Blick auf das gesamte System, um mögliche **Auswirkungen** und deren Folgen zu betrachten und auch daraus wertvolle Einsichten abzuleiten.

- Welche Auswirkungen hat es, wenn du das Problem nicht löst? Welche Auswirkungen hat es, wenn du dein Ziel erreichst?
- Wer würde das aus deinem Umfeld bemerken? Und wie?
- Wenn du das so und so machst, was passiert dann vermutlich?
- Wenn wir das nicht machen würden, wozu führt das dann möglicherweise?
- Was kann im besten Fall passieren, wenn du das so umsetzt? Was kann im schlimmsten Fall passieren?
- Was passiert, wenn du gar nichts machst?
- Wenn du so denkst, welche Auswirkungen hat das auf dich, deine Arbeit, dein Leben, deine Umwelt?
- Wenn du so handelst: Welche Auswirkungen hat das dann?
- Was möchtest du bewirken?
- Wenn du Alternative A wählst, welche Auswirkungen hat das kurzfristig? Welche langfristig?

Hypothetische Fragen

Mit **hypothetischen Fragen** erlauben wir unserem Gehirn, sich von den Ketten üblicher Einschränkungen zu lösen und der Kreativität freien Lauf zu lassen. Wir können neue Blickwinkel einnehmen und ungehemmt brainstormen. Es geht darum, rein theoretisch und probeweise, in Gedanken schon mal neue Wege zu gehen und ungewöhnliche Ideen (immer mehr) zuzulassen.

- Wenn du frei wärest von allen Einschränkungen – wie würde deine Lösung aussehen?
- Angenommen, dein Problem ist gelöst – was ist dann anders bei dir? Anders in deinem Denken? Anders in deinem Fühlen? Anders in deinem Handeln?
- Mal angenommen, du könntest aus dem Vollen schöpfen – was ist dann anders? Bei dir? Bei den anderen?
- Wenn dieses Gespräch ideal läuft, was ist danach anders bei dir?
- Angenommen, genau das Gegenteil von dem, was du denkst, wäre richtig, was ist dann anders bei dir? In deinem Wahrnehmen?
- Wenn du an der Stelle deines Chefs wärst, wie würdest du vorgehen?
- Angenommen, Geld spielt keine Rolle – wie würdest du das Problem dann angehen?
- Was könnte – rein theoretisch – ein erster kleiner Schritt zum Ziel sein?
- Wenn ich jetzt in deinen Kopf schauen könnte: Was würde ich da erfahren?

Paradoxe Fragen

Paradoxe Fragen können Zusammenhänge und Sachverhalte im wahrsten Sinne des Wortes „ver-rücken“. Sie fördern die Erkenntnis: Wer ein Problem erzeugen kann, der kann es auch lösen. Und sie bringen Humor ins Thema durch die positive Kraft des negativen Denkens.

- Was müsstest du tun, um dein Problem noch viel schlimmer zu machen?
- Wie kannst du das Thema voll an die Wand fahren?
- Wie müsstest du vorgehen, um den Konflikt richtig eskalieren zu lassen?
- Was müsstest du tun, um dein Ziel auf keinen Fall zu erreichen?
- Was müssten wir alles tun, um sicher zu scheitern?

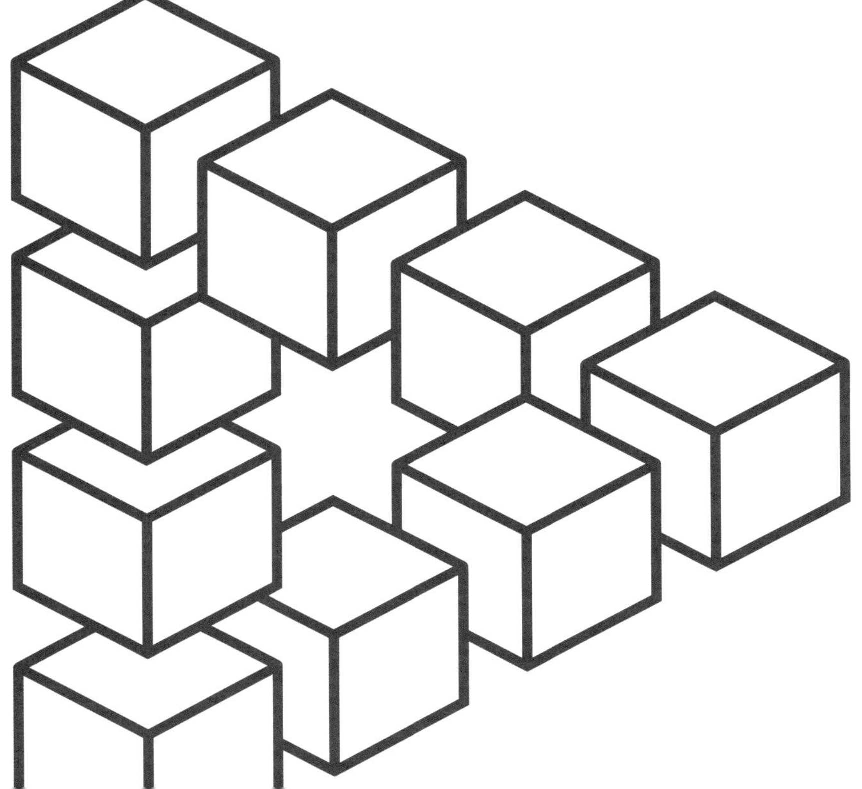

Unterschiedsbildende Fragen (Skalen-Fragen)

Probleme oszillieren. Das bedeutet, sie sind nie gleich stark. In manchen Situationen, an manchen Tagen kommen wir mit einer Konfliktperson besser aus, oder wir arbeiten die vermeintlich „lästigen“ Aufgaben locker ab. Dann wiederum gibt es Zeiten, an denen alles viel schlechter läuft. Mit **unterschiedsbildenden Fragen,** auch **Skalen-Fragen** genannt, schärfen wir die Wahrnehmung für kleine Veränderungen und können aus diesen dann auch Muster des Gelingens erkennen oder ableiten.

- Wenn auf einer Skala von 0 bis 10 die 10 der ideale Zustand ist, den du erreichen möchtest – wo stehst du jetzt gerade?

- Warst du deiner 10 schon mal näher? Was genau war da genau anders bei dir?

- Was wird konkret anders sein, wenn du auf deiner 10 angekommen bist?

- Gab es schon mal eine Zeit, in der es schlechter lief als heute? Wo war der Skalenwert damals? Was war da anders? Bei dir? In deinem Denken? In deinem Fühlen? In deinem Handeln? Was noch? Und was noch?

- Was könntest du rein theoretisch tun, um nur 0,5 Punkte weiter nach oben zu kommen?

Visualisieren – oder die Kraft des geschriebenen Wortes

Wir halten grundsätzlich die Antworten unserer Coachees schriftlich fest, meist auf Moderationskarten oder online auf einem Kollaborationstool. Wenn wir Coaches ausbilden, hören wir oft die Frage: Wozu denn das? Und oft kommt das Feedback, dass das ja ganz schön anstrengend sei – Zuhören, Fragen stellen und noch notieren.

Ja, am Anfang ist es erstmal ungewohnt, doch die Vorteile sind immens. Es verhält sich ähnlich zu Workshops und Trainings. Vielleicht hast du ja auch schon Meetings erlebt, in denen nur geredet wurde? Ganz nach dem Motto: Aus den Augen, aus dem Sinn, ist der Output meistens sehr dürftig. Moderator*innen und Trainer*innen arbeiten daher immer mit Pinnwand und Moderationskarten und erzielen damit ein Vielfaches an Effizienz. Diese Erkenntnisse lassen sich auf eine Coaching Situation bestens übertragen.

Mit der Visualisierung machen wir es unserem Gegenüber viel leichter, komplexe Zusammenhänge zu erkennen, sich schneller zu orientieren und auch die Aufmerksamkeit für den Prozess zu erhöhen. Wir schaffen damit einen idealen Rahmen, damit unser Gegenüber schneller vom Problem zur eigenen Lösung gelangt. Und im Kontext „Business“ ist Zeit ein entscheidender Faktor für alle Beteiligten.

Um das Visualisieren optimal zu nutzen, gibt es ein paar Tipps. Denn wenn dein Gegenüber nicht mehr lesen kann, was du notiert hast, dann leidet die Effizienz.

Daher empfehlen wir

für eine bessere Lesbarkeit:

- mit hellen Moderationskarten zu arbeiten (wir lassen uns dafür im Schreibwarenladen pastellfarbene 80-Gramm-Papiere zuschneiden),
- zum Schreiben einen dicken Stift in einer dunklen Farbe zu nutzen, etwa einen Flipchart Marker (wir arbeiten gerne mit dem nachfüllbaren edding 383 mit Keilspitze),
- nie mehr als drei Zeilen auf eine Moderationskarte zu packen,
- dabei Druckschrift mit großen und kleinen Buchstaben einzusetzen, und

für eine optimale mentale Verarbeitung:

- nicht zu paraphrasieren, sondern immer die gesagten Worte zu notieren,
- nicht komplette Sätze aufzuschreiben, sondern stichpunktartig Schlagworte,
- die geschriebenen Karten gut sichtbar für das Gegenüber auszulegen.

Eine Antwort lautet zum Beispiel: „Dann fühle ich mich gelassen und entspannt." Wir notieren:

entspannt

gelassen

Auch wenn du als Führungskraft vielleicht nicht in einer klassischen Coaching Situation unterwegs bist, kannst du für deine Gespräche diesen Turbo für die Lösungsfindung heranziehen. Du unterstützt durch das Mitschreiben auf Moderationskarten das aktive Zuhören. Das bringt Leichtigkeit in den Dialog und schenkt deinem Gegenüber immer wieder Zeit zum Nachdenken. Und dadurch, dass die Moderationskarten nur eine beschränkte Fläche zum Notieren bieten, kannst du dein Gegenüber immer wieder bitten, das Gesagte zusammenzufassen. So hilfst du beim Fokussieren auf das, was ihm/ihr wirklich wichtig ist.

Zudem kannst du von der Kraft der geschriebenen Worte profitieren. Steht etwas schwarz auf weiß vor uns, dann berührt und bewegt uns das mehr als ein gesprochenes Wort. Vor allem dann, wenn wir unsere eigenen Worte auf den Karten lesen. Ganz besonders spürbar wird das bei der Visualisierung von Zielen. Ein Ziel, das im Laufe eines coachenden Gesprächs klar wird und auf einer Karte steht, ist greifbar und hochmotivierend.

"Viele Wege führen nach Rom – kein Modell eignet sich dafür, allen übergestülpt zu werden. Deshalb müssen Führungskräfte heute eigene Lösungen finden."

Karen Fuchs,
Personal- und Organisationsentwicklerin,
Fraunhofer-Gesellschaft

Was du aus Kapitel 3 mitnehmen kannst

- **Unsere Wahrnehmung ist subjektiv – folglich kann jeder nur seine eigenen Wahrnehmungen erkennen und verändern.**
- **Systemische Fragen führen zu kreativen, ausbalancierten und nachhaltigen Lösungsideen.**
- **Über systemische Fragen gelingt es leichter, die gewohnten und ausgetretenen Pfade unserer Gedankenwelt zu verlassen, neue Aspekte zu entdecken und so zu tieferen Einsichten und Erkenntnissen zu gelangen.**
- **Systemische Fragen arbeiten lange nach – auch wenn wir schon längst nicht mehr bewusst darüber nachdenken.**

Fragen,

die du dir jetzt stellen kannst

Am besten probierst du die systemischen Fragen gleich mal an dir selbst aus. Formuliere ein Thema von dir als Frage (z. B. Wie bringe ich mehr Kreativität in mein Leben?).

Kannst du dieses Ziel aus eigener Kraft erreichen?

Was würde dir ein Experte zu diesem Thema raten? Was jemand, der dich sehr schätzt?

Gibt es Situationen oder Lebensphasen, in denen dir das schon ganz gut gelungen ist?

Wie genau machst du dein Problem (z. B. Wie schaffst du es, die Kreativität aus deinem Leben rauszuhalten?)?

Was wäre das Gute daran, wenn du dein Ziel nicht erreichst (z. B. nicht mehr Kreativität in dein Leben bringst)?

Welche Auswirkungen hat es, wenn du dein Ziel erreichst (z. B. richtig viel Kreativität um dich herum erlebst)?

Was könnte – rein theoretisch – ein erster kleiner Schritt zum Ziel sein (um z. B. mehr Kreativität in dein Leben zu holen)?

Was müsstest du tun, um dein Ziel auf keinen Fall zu erreichen (z. B. die Kreativität komplett aus deinem Leben zu verbannen)?

Fazit: Gibt es schon eine kleine Maßnahme, die du in den nächsten 72 Stunden umsetzen willst?

Teil 2

Praxisbeispiele: Die coachende Führungskraft

die:

Substantiv, feminin

Bedeutungen u.a.:[1]

- **Vorwärtsschreiten in einem Prozess**
- **Reifeprozess des Menschen**
- **Bildung, Entstehung**
- **Verbesserung**

… und wie bekommt man lösungsorientierte Antworten?

Welche Führungsreaktionen sich gerne einschleichen.
Wie du den Mechanismus aufbrechen kannst.
Und wie du das ganze Team über Feedback zum Mitmachen motivierst.

"Ich lasse mich heute viel mehr von meinen Mitarbeitenden inspirieren – das entlastet mich und ist sehr wertvoll!"

Gunda Opitz,
Director Entrepreneural Network, UnternehmerTUM GmbH

"Führen und Lernen bedingen sich gegenseitig"

John F. Kennedy,
35. Präsident der USA

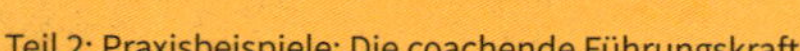

Kapitel 4
Wer fragt, gewinnt!

In diesem Kapitel stellen wir dir einige typische Situationen vor, die im Arbeitsalltag immer wieder in ähnlicher Form vorkommen. Wir zeigen dir aber auch, wie du über deine neue Coaching-Kompetenz und mittels systemischer Fragen zu noch lösungsorientierteren Ergebnissen kommen kannst als bisher. Lass dich beim Lesen von unseren Vorschlägen inspirieren und überlege gleichzeitig, welche Fragen dir noch einfallen. Und was vielleicht noch besser zu deinem Umfeld, deinem Team und deinen Themen passt.

Dürfen wir vorstellen? Diese beiden Führungskräfte werden dich auf den nächsten Seiten und in verschiedenen Situationen begleiten:

Nika Buntner ist 44 Jahre alt, Mutter eines Kindes und verheiratet, ihr Mann arbeitet ebenfalls in Vollzeit.

Sie ist Führungskraft in einem aufstrebenden mittelständischen Unternehmen, das Antriebssysteme im Bereich E-Mobility entwickelt und produziert.

Nika hat Abschlüsse in Maschinenbau und BWL und leitet ein Team von acht Mitarbeitenden.

Zusammen sind sie für das Prototyping der Innovationen zuständig, dabei arbeiten sie eng mit weiteren Teams im Unternehmen sowie mit externen Partnern zusammen.

Nika ist smart, als Team-Lead anerkannt und äußerst ambitioniert. Sie verlangt immer Höchstleistung – von sich und ihrem Team. Manchmal verliert sie dabei sowohl die Menschen als auch ihre Bedürfnisse aus dem Blick. Das will sie ändern.

Stavjo Brantner ist 38 Jahre alt, verheiratet und Vater zweier Kinder.

Der passionierte Tennisspieler pendelt für die Arbeit hundert Kilometer weit und ist nur von Donnerstag bis Sonntag bei der Familie. Seine Frau kümmert sich in Vollzeit um die Kinder.

Stavjo hat einen Abschluss in BWL und internationalem Marketing. Er arbeitet als Berater für ein Unternehmen, das Telekommunikationsanbieter im Bereich Innovation und Effizienz unterstützt.

Derzeit leitet er ein neues Mobilfunktechnologie-Projekt. Zwanzig Mitglieder seines Teams arbeiten dabei vor Ort beim Kunden, zwanzig weitere sind virtuell in Europa verteilt.

Stavjo ist impulsiv und nicht immer diplomatisch – dank seiner sonnigen Art wird ihm das meist verziehen. Er hat viel Stress, weil er alles will: bei seiner Familie sein, einen super Job machen und Zeit für sich haben.

Case Study 1: „Mach du's!" Gute Mitarbeiterentwicklung entlastet die Führungskraft

Ein weit verbreitetes, wenig geliebtes Phänomen unter Führungskräften ist das Troubleshooting. Im Sinne von: Irgendetwas droht gerade anzubrennen und die Teamleitung soll es richten. Viele löschen dann auch immer wieder – sei es, weil sich dieses Vorgehen klammheimlich eingeschlichen hat und nicht mehr hinterfragt wird. Oder weil sich die Führungskraft in der Rolle des Brandlöschers gefällt. So oder so, die eingesetzte Zeit fehlt an anderer Stelle. Eine coachende Führungskraft könnte wie folgt vorgehen.

Markus ist der Influencer in Nikas Team. Er sprudelt vor Charme und Esprit, deshalb fliegen ihm die Sympathien zu. Stimmung schlecht? Markus besorgt Kekse für alle und hat den passenden Joke auf den Lippen. Weil er schon lange an Bord ist, kennt er Gott und die Welt und vermittelt gerne Kontakte. Niemand ist hilfsbereiter als Markus, alle hören auf ihn. Auch Nika schaut gerne an seinem Schreibtisch vorbei, auf einen kurzen Talk oder für einen Extratipp.

Nur eine Seite an ihm nervt sie kolossal: Sobald ein Hindernis auftaucht, kommt Markus zu ihr. Kurz und knapp erklärt er ihr, warum er gerade nicht weiterkommt, und endet mit einem „Da musst du als Chefin ran". Er sagt es mit einem Lächeln, aber fordernd.

Nika versteht das eigentlich nicht. Der hätte doch selbst das Potenzial zur Führungskraft, warum hängt er sich nicht mehr rein? Aber sie will ihn auch bei Laune halten. Geht's ihm gut, dann passt auch die Stimmung im Team. Also zerbricht sie sich immer wieder den Kopf, wie sie seine Probleme lösen könnte, damit nichts anbrennt.

Nach ihrem Coaching-Grundkurs hat sie sich ein paar Fragen überlegt und will diese nun ausprobieren. Sie muss auch nicht lange warten. Bald kommt Markus in ihr Büro geschlendert, lässt sich ächzend in den Besucherstuhl fallen und streckt die Beine aus. „Ich kann den Kunden Stark seit Tagen nicht erreichen. Dabei wollte er mir doch die Ergebnisse seiner Kundebefragung schicken. Ohne die kann ich den Prototyp nicht weiterentwickeln. Ich glaube, da musst du mal Druck machen, bei dir ruft er bestimmt zurück." Lässig reicht er ihr ein Post-it mit der Nummer des Kunden über den Schreibtisch. Er weiß: Nika schätzt es, wenn er mitdenkt und ihr das Suchen erspart.

Statt automatisch den Anruf zu versprechen, fragt Nika diesmal: „Was passiert denn, wenn du den Prototyp nicht weiterentwickelst?"

Markus zuckt mit den Schultern: „Dann stehen wir am 24. bei der Präsentation mit leeren Händen da."

„Was würde Herr Stark dazu sagen, wenn das eintritt?"

„Der wäre bestimmt stinksauer. Und würde uns die Schuld dafür geben, kennen wir doch." Markus zwinkert Nika verschwörerisch zu.

„Bist du sicher?"

Zum ersten Mal ist Markus irritiert. „Ich verstehe deine Frage nicht – ist doch logisch."

„Ich meine, ob außer der Stinkwut von Herrn Stark und seinen Schuldzuweisungen noch etwas anderes passieren könnte?" Nika runzelt nachdenklich die Stirn.

„Naja, im schlimmsten Fall müssten wir eine Vertragsstrafe zahlen. Oder er storniert den Auftrag."

„Schwierig, Stark ist ja einer unserer Großkunden. Hatten wir denn so eine Situation schon mal?"

„Allerdings, das macht er immer wieder. Einmal, da warst du noch gar nicht hier, da hat er nach meiner dritten Mail nicht mich zurückgerufen, sondern deinen Vorgänger." Markus rappelt sich hoch. „Als wäre ich Luft!"

„Wow. Wie hast du's denn geschafft, danach wieder ganz normal mit ihm zusammenzuarbeiten?"

„Zu seinem Vize hatte ich schon immer einen ganz guten Draht. Den habe ich dann angerufen und mit ihm geklärt, wie wir's machen können. Aber der ist leider gegangen."

„Wer könnte dir denn – rein theoretisch – stattdessen weiterhelfen?"

Markus muss kurz überlegen. „Beim letzten Briefing war die Frau Schönborn aus Starks Marktforschung dabei, die hat die Kundenbefragung geleitet. Die könnte mir entweder die Auswertung schicken oder selber bei Stark noch mal nachhaken. Das mache ich gleich, super Idee."

Es war Markus' eigene Idee, auf eine andere Kollegin auszuweichen. Diese Idee befriedigt sein Bedürfnis nach Beachtung und kollegialer Kooperation. Deshalb entwickelt er auch die nötige Energie, um sofort zur Tat zu schreiten. Wie wäre es gelaufen, wenn Nika ihm geraten hätte: Ruf doch mal jemanden aus der Marktforschung an? Wahrscheinlich hätte er das auch gemacht, allerdings eher unmotiviert, weil er immer noch in seinem Ärger über Herrn Stark steckt.

Und wenn Nika den Anruf für ihn übernommen hätte? Wäre er beim nächsten Hindernis garantiert wieder bei ihr auf der Matte gestanden. So besteht die Chance, dass er Gefallen daran findet, Herrn Stark damit zu überraschen, manche Herausforderung auch ohne dessen Unterstützung hinzubekommen.

Welche systemischen Fragen hat Nika hier genutzt und angepasst?

Auswirkungsfrage:
„Was passiert denn, wenn …?"

Zirkuläre Frage:
„Was würde Herr Stark dazu sagen …?"

Reality Check:
„Bist du sicher?"

Ausnahmefrage:
„Hatten wir so eine Situation schon mal?“

Driver’s Question:
„Wie hast du es geschafft …?“

Hypothetische Frage:
„Was könntest du denn rein theoretisch tun?“

Noch ein Satz zu **Automatismen:** Manchmal formulieren Mitarbeitende nicht einmal mehr den Wunsch, die Führungskraft möge etwas lösen – sie tut es von sich aus. Hier greifen unbewusst Reflexe, die nicht mehr hinterfragt werden. Die aber auch viel Zeit und Energie fressen.

Vielleicht hast du beim Durchlesen des Beispiels gedacht, dass Markus aber auch ein leichter Fall war? Stimmt, da gibt es sicher härtere Brocken. Wir raten dir, dir für deine ersten praktischen Anwendungen der systemischen Fragen ebenfalls jemanden aus deinem Umfeld zu wählen, der noch nicht die ultimative Herausforderung für dich darstellt. Je mehr du übst, desto mehr Sicherheit gewinnst du – und dann kannst du dich auch den richtig schwierigen Aufgaben widmen.

Case Study 2: „Wenn zwei sich streiten, leiden alle!“ Besser kooperieren – im Team und nach außen

Konflikte zwischen einzelnen Teammitgliedern belasten auf Dauer die komplette Abteilung – und sogar darüber hinaus. Nicht selten schallt auch hier die Forderung nach einem Machtwort des Teamleads durch die Flure. Aber mal ehrlich: Wem nützen autoritäre Strukturen, die Partei für eine Seite ergreifen? Oder einen ungerechten Kompromiss verordnen, weil die wichtigsten Hintergrundinfos fehlen? Vielleicht ist dann für eine Weile Ruhe, aber der Konflikt schwelt unter der Oberfläche weiter, bis er irgendwann noch heftiger eskaliert. So geht es besser:

Das letzte Weekly-Stand-up-Meeting war ein Desaster. Zwei Mitarbeiter aus Stavjos Mannschaft sind heftig aneinandergeraten. Der Auslöser: Pete und Joe sollten gemeinsam eine Präsentation vorbereiten. Pete hat sich ordentlich reingekniet, Joe war mit anderen Dingen beschäftigt. Dann aber verkauft Joe dem Kunden das Ganze als sein eigenes Werk – und sonnt sich ausgiebig im anschließenden Lob.

Pete kennt das schon, immer wieder schmückt sich Joe mit fremden Federn. Jetzt reicht es Pete aber. Er spricht das Thema beim Weekly vor versammelter Mannschaft an, ganz sachlich, wie er findet. Joe sieht die Sache anders und wirft Pete im Gegenzug vor, immer nur im eigenen Saft zu schmoren und sein Wissen nicht zu teilen. Der Ton wird rauer und lauter. Stavjo will das Gespräch wieder in konstruktive Bahnen lenken, versucht es erst mit einem humorigen Spruch, dann mit mehr Schärfe. Nichts davon funktioniert.

Seitdem ist die Anspannung im Team mit Händen zu greifen. Nach außen deutlich sichtbar haben sich zwei Lager um die beiden Konfliktparteien gebildet, die sich auch in den Pausen und Meetings nicht mehr mischen. Stavjo beschließt, nicht länger mit seinem eigenen Auftritt beim Weekly zu hadern, sondern aktiv zu werden: Er vereinbart mit beiden ein Gespräch unter vier Augen.

Den Anfang macht er mit Pete. „Danke, dass du dir die Zeit genommen hast, mit mir noch mal über deine Auseinandersetzung mit Joe zu sprechen. Ich wünsche mir natürlich, dass wir zusammen wieder zu einer Arbeitsatmosphäre zurückfinden, die allen guttut und die uns auch unsere optimalen Leistungen abliefern lässt. Ist das auch dein Wunsch?“

„Ja, klar.“

„Dazu würde ich gerne erst mal besser verstehen, was dich so verärgert hat.“

Pete hat in den letzten Tagen ständig darüber gesprochen und ist dabei immer wütender geworden. Jetzt bricht es aus dem sonst eher ruhigen Kollegen heraus. „Nie macht er mit … Immer muss ich zig Mal nachfragen … dermaßen arrogant … und das Geschleime vorm Kunden …“

Stavjo gibt ihm die Gelegenheit, Dampf abzulassen. Als sich die Vorwürfe beginnen zu wiederholen, hakt er ein: „Wenn du das in einem Satz auf den Punkt bringen sollst: Wie würdest du es zusammenfassen?“

Der Satz fällt zunächst zu lang aus, doch nach mehreren Kürzungen formuliert Pete: „Joe ist faul und klaut mir meine Ideen.“ Stavjo schreibt den Satz auf eine Moderationskarte und legt sie vor Pete. „Ist das wirklich so?“

Pete rutscht auf seinem Stuhl herum. „Jaaa, das klingt natürlich ziemlich krass. Wenn er will, dann kann er ja auch Nächte durcharbeiten. Nur eben nicht, wenn er was mit mir machen soll. Er ist überhaupt kein Teamplayer!“

„Was macht denn einen guten Teamplayer für dich aus?“

„Er trägt seinen Teil zum Ganzen bei, also liefert, was er versprochen hat, und zwar termingerecht. Er hält zumindest die Grundregeln der Freundlichkeit ein.“

„Was sind für dich ganz konkret solche Grundregeln der Freundlichkeit?“

„Dass man sich bei anderen bedankt, wenn sie etwas für einen gemacht haben.“

„Was machen gute Teamplayer noch?“

„Sie sind kollegial und vertreten Teamleistungen auch nach außen als solche.“

„Was noch?“

„Sie überlegen bei Kritik von Kollegen, ob da vielleicht was dran sein könnte.“

So geht es noch eine Weile weiter und Stavjo notiert alles, was Pete an Teamwork wichtig ist, auf Moderationskarten. Als nach einer Weile nichts Neues mehr kommt, greift er auf eine andere Technik zurück.

„Wenn du dir eine Skala von 0 bis 10 vorstellst, wobei die 10 dein ideales Teamwork-Verhalten zwischen dir und Joe darstellt und die 0 das absolute Nichtvorhandensein von Teamwork: Wo steht ihr gerade?" Während Pete überlegt, zeichnet Stavjo eine Skala auf eine Karte, mit einer 0 am Anfang und einer 10 am Ende.

„Auf einer 3", sagt Pete schließlich. Stavjo macht ein Kreuz auf der Skala in Höhe der 3.

„War es denn schon mal besser zwischen euch?"

Pete pustet Luft aus beiden Backen. „Bisschen."

„Wo wart ihr da?"

„4. Oder nein, mach 5."

„Okay. Was war denn da anders als heute?"

Das kann Pete ganz genau sagen: „Da haben wir uns ausgetauscht! Joe ist wirklich nicht der Held beim Erstellen von Präsentationen, das muss er auch nicht, ich schüttle das ja aus dem Ärmel. Aber er kann mir wenigstens seinen Input geben …" Pete fällt noch einiges ein, Stavjo schreibt die Schlagworte auf Karten und legt diese für Pete gut sichtbar aus:

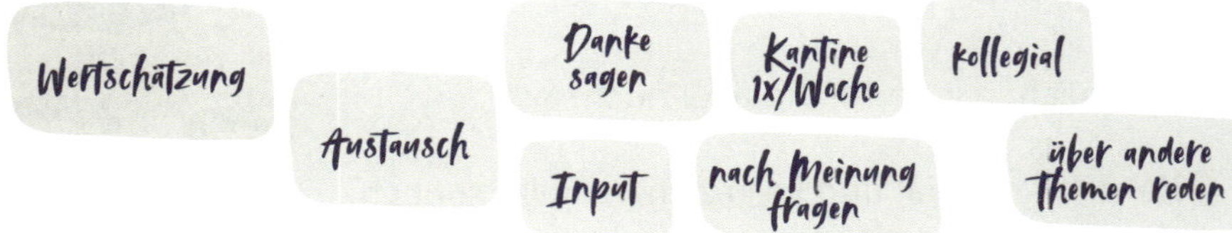

„Schau noch mal über alle Karten, die jetzt vor uns liegen: Was davon wäre dir denn am allerwichtigsten, um mit Joe wieder auf eine gute Arbeitsebene zu kommen?"

Pete stöhnt. „Eine einzige Sache?" Stavjo lacht und fragt zurück, wie viele Karten er denn gerne hätte. Am Ende werden es drei: Wertschätzung, Input und kollegial.

„Jetzt stell dir mal vor, dir hat ein sehr erfolgreicher Mediator zugehört. Was würde der dir denn raten? Was solltest du tun, um von Joe kollegiale Wertschätzung und Input zu bekommen?"

Pete lehnt sich nach vorne, stützt die Ellbogen auf den Oberschenkel ab und überlegt. „Der sagt: Denk dran, Joe ist eitel. Wenn du was von ihm willst, musst du ihm auch was geben. Und jetzt mal ehrlich: Du selbst hasst es doch zu präsentieren …"

Wieder sammeln die beiden erst mal Ideen, von denen sich Pete am Ende ihres Treffens zwei aussucht, die er direkt umsetzen möchte.

Erstens: „Ich bedanke mich bei Joe dafür, dass er die Ideen unseres Teams dem Kunden immer so gut vermittelt." Zweitens: „Ich schreibe künftig unsere beiden Namen auf die Präsentation – meinen zuerst."

Natürlich könnte Stavjo jetzt erst mal abwarten, was sich nach Umsetzung dieser beiden Maßnahmen tut. Aber er will ja auch von Joe ein Commitment haben und führt deshalb zeitnah ebenfalls mit ihm ein Gespräch.

Erwartungsgemäß tauchen bei Joe andere Punkte auf, aber auch ähnliche Bedürfnisse. „Pete weiß alles besser und versteht nicht, dass ohne mein Verkaufstalent gar nichts ginge." Deshalb sei er auch kein guter Teamplayer. Denn Spitzenteams würden miteinander Ideen zum Leben erwecken und andere dafür begeistern! Da würde jeder seine Stärken einbringen und nicht alle alles machen müssen. Als es besser zwischen ihnen lief, da war Pete noch froh, dass Joe das Verkaufen übernahm und damit Erfolg hatte! Joe durfte schillern und das war schön. Der imaginäre Konfliktberater empfahl ihm unter anderem: „Komm mal von deinem hohen Ross herunter, ohne Petes Zahlen kannst auch du den Kunden nicht überzeugen. Ihr braucht euch gegenseitig." Joe nimmt sich vor: „Bei der nächsten Präsentation spreche ich vorher zwei oder drei Fragen mit Pete ab, mit denen ich ihn ins Spiel bringe." Und er wolle mal mit ihm Mittagessen gehen, das sei viel besser, als immer nur hin- und herzutexten.

Hier haben wir es also mit einer komplexeren Angelegenheit zu tun. Und Stavjo muss aufpassen, nicht zwischen die Fronten zu geraten. Was macht er hier konkret, damit es so positiv läuft?

- Er bringt von Anfang an einen **wertschätzenden Ton** in die Angelegenheit („Danke, dass du dir die Zeit nimmst").

- Zum Start holt er sich ein **klares „Ja"** zum gemeinsamen Ziel ab („... wieder zu einer Atmosphäre zurückfinden, die allen guttut ... Ist das auch dein Wunsch?")

- Nach kurzem Dampfablassen bietet er **lösungsorientierte Fragen** an, um seinen Coachee in die **Selbstreflexion** zu bringen und die hinter dem Konflikt liegenden **Bedürfnisse** aufzudecken.

- Er **wechselt ab** zwischen dem **Sammeln** aller Impulse zum Thema (divergierendes Denken) und dem **Fokussieren** auf das Wichtigste davon (konvergierendes Denken, z.B. „Wenn du das in einem Satz auf den Punkt bringen sollst ...").

- Bei allgemeinen Aussagen hakt er sofort nach, um zu **konkretisieren** („Was ist ein guter Teamplayer konkret für dich?")

Er nutzt folgende systemischen Fragen:

Reality Check:
„Ist das wirklich so?"

Unterschiedsbildende Frage:
„Auf einer Skala von 0 bis 10, wo steht ihr?"

Ausnahmefrage:
„War es schon mal besser?
Was war da anders?“

Zirkuläre Frage:
„Was würde dir ein
Experte raten?“

Was im Konfliktfall auch gut funktionieren kann, ist ein imaginäres Hereinholen des Konfliktpartners. Stavjo könnte einen Stuhl vor Pete stellen und ihn auffordern: „Stell dir mal vor, Joe sitzt vor dir – was würdest du ihm gerne sagen?“

Da sich die beiden jedoch schon beim Weekly eine Menge an den Kopf geworfen haben, verzichtet Stavjo auf diese Option. Doch er hat für sich noch Alternativen in petto, falls die jetzt beschlossenen Maßnahmen nicht fruchten: Plan B wäre ein Gespräch zu dritt und Plan C das Hinzuholen eines externen Mediators.

Case Study 3: „Morgen wird's wieder besser!" Von der Überlastung zu Lösungsideen

Ihre Zielvorgaben erreichen die Mitglieder eines Teams selten gleich schnell oder gut. Mal hakt es hier, mal kommt dort etwas dazwischen. Doch was macht man mit Mitarbeitenden, die hinter ihren Zielvorgaben so weit hinterherhinken, dass es den Projekterfolg gefährdet? Manche Führungskräfte lösen das Problem, indem sie die nicht geleistete Arbeit umverteilen, auch auf die eigenen Schultern. Andere versuchen, den Mitarbeitenden so schnell wie möglich loszuwerden. Die dritte Möglichkeit: herausfinden, was hinter der Blockade steckt. Und den Betreffenden dabei unterstützen, selbst Lösungen zu entwickeln, die aus dem Dilemma führen.

Nika hat schon eine Menge probiert. Denkt sie zumindest. Doch es wird immer schlimmer mit Liane. Dabei dachte sie anfangs, dass die junge, wirklich clevere Kollegin richtig Karriere im Haus machen könnte. Vor einem knappen halben Jahr verpasste Liane zum ersten Mal eine wichtige Deadline. Kann jedem mal passieren, dafür hat Nika Verständnis. Dann wurde Liane auffällig oft krank, wenn sie Ergebnisse liefern sollte. Es kam zu Verzögerungen, Termine mussten verschoben werden, die Ziele rücken in immer weitere Ferne.

Also suchte Nika das Gespräch. Zeigte Verständnis für Liane. Machte ihr gleichzeitig aber auch klar, welche Folgen ihr Verhalten für das ganze Team haben könnte. Liane war zerknirscht, gelobte Besserung und versprach: „Morgen wird's bestimmt wieder besser." Doch es änderte sich nichts.

Nika sah sich gezwungen, die Fehler auszubügeln. Zusammen mit dem Team übernahm sie immer mehr von Lianes Aufgaben, obwohl jeder mehr als genug zu tun hatte. Mittlerweile liegt der Stresspegel auf einem unguten Niveau, ausgerechnet jetzt, wo das Projekt auf die Zielgerade einbiegt. Es darf nicht schiefgehen! Nika reflektiert intensiv, auch ihren eigenen Beitrag, und entwickelt dann einen neuen Gesprächsleitfaden für ihre nächste Begegnung mit Liane. Sie kommt dafür sogar morgens um sieben ins Büro, weil sie weiß, dass Liane früh anfängt und niemand sie um diese Uhrzeit stören wird.

„Ich möchte mit dir besprechen, wie wir das Projekt bis Ende Juni auf eine gute Weise abschließen können", steigt Nika ins Gespräch ein.

Liane sitzt ganz vorne auf ihrer Stuhlkante und knetet die Hände. „Ich schaffe das. Hab ich ja versprochen."

Nika nickt. „Ich weiß, dass du das grundsätzlich kannst, das hast du mir ja schon oft genug bewiesen. Aus irgendeinem Grund fällt es dir in diesem Projekt aber gerade sehr schwer. Ich würde gerne die nächsten Tage und Wochen ein wenig leichter für uns alle gestalten. Lass uns einfach mal etwas anderes ausprobieren und die Sache von hinten denken, okay?"

„Okay …" Liane ist eher misstrauisch.

Nika lehnt sich zurück und atmet tief durch. „Stell dir bitte mal vor, wir haben dieses Projekt erfolgreich abgeschlossen. Der Kunde ist total zufrieden, wir bekommen sogar einen Bonus von unserer Geschäftsführung.

Und wir feiern das drüben in der Osteria, mit dem ganzen Team, ausgelassen und richtig ausgiebig. Wenn du danach wieder an deinen Schreibtisch kommst – was ist dann anders als heute?“

Liane seufzt tief. „Der ganze Druck ist weg. Ich muss nicht mehr ständig neue Ideen produzieren, kreativ sein. Ich habe nicht mehr das Gefühl, alles versemmeln zu können …“

„Was fühlst du denn stattdessen?“

„Dass es gut ist, was ich mache. Dass ich das auch kann, was man von mir erwartet“

Nika schreibt diese beiden Punkte auf Moderationskarten. „Was machst du denn ganz konkret an diesem wunderbaren Tag danach?“

„Ich räume meinen Schreibtisch auf, meinen Computer auch, verschaffe mir einen Überblick, was jetzt zu tun ist, trinke vielleicht auch einfach mal wieder einen Kaffee mit Kollegen in der Küche …“

„Gibt es vielleicht auch Gedanken, die anders sind als heute?“

Liane muss lange überlegen, Nika lässt ihr die Zeit. „Ich weiß, dass ich meinen Job behalten werde.“ Liane steigen Tränen in die Augen, sie senkt den Blick. „Mein Freund ist arbeitslos geworden, das ist nicht leicht für uns. Wir haben ja die Wohnung gekauft … und er bewirbt sich jetzt schon seit ein paar Monaten … Wenn ich auch noch rausfliege …“

Nika lässt Liane erzählen und schreibt auf eine Karte: Ich weiß, ich behalte meinen Job.

„Wenn du das alles fühlst, machst und denkst und dabei weißt, dein Job ist dir sicher: Was hätte das denn für Auswirkungen nach ein paar Wochen?“

Nach einem tiefen Durchatmen sagt Liane: „Dann entspanne ich mich. Ich kann wieder besser schlafen. Und ich arbeite wieder enger mit den anderen zusammen. Ich kann auch wieder auf die zugehen, weil ich nicht befürchten muss, dass sie sauer auf mich sind.“

Nika notiert alles auf Karten. „Und wenn das ein paar Monate lang so läuft: Was verändert sich dadurch noch?“

„Ich bin wieder froh. Ich habe Erfolge. Und Spaß an der Arbeit!“

Mittlerweile liegen viele Karten vor Liane auf dem Boden.

„Wenn du alle diese Änderungen siehst: Welche sind dir am wichtigsten?“

Liane entscheidet sich für den „Spaß an der Arbeit“ und „gut schlafen“.

Nika geht in die nächste Phase. „Gab es eigentlich schon mal eine Situation, die dich ähnlich unter Druck gesetzt hat? Und die du am Ende erfolgreich gemeistert hast?“

„Meine Masterarbeit hat mich auch wahnsinnig gestresst. Mein Prof hatte nie Zeit für mich und außerdem war mein Vater zu der Zeit sehr krank – ich hatte das Gefühl, dass alles den Bach runtergeht, war ähnlich blockiert wie heute. Aber am Ende hatte ich meine Wunschnote und mein Vater wurde wieder gesund.“ Liane lächelt bei der Erinnerung.

„Wie hast du das denn geschafft? Lass uns mal Schritt für Schritt aufschreiben, wie du dabei vorgegangen bist.“

„Ich habe abends in meinem Tagebuch festgehalten, was gut gelaufen ist – das hat mir geholfen, weniger schwarzzusehen. Dann habe ich mit dem Meditieren angefangen, das hat mir gutgetan. Leider ist das irgendwann wieder eingeschlafen. In dem Fach, das mir besonders schwerfiel – Statistik – habe ich einen Zusatzkurs gebucht, das gab mir Sicherheit. Abends habe ich mit meiner besten Freundin telefoniert, die mir immer wieder gute Tipps gegeben hat. Etwa, dass ich mit meiner Mutter darüber reden muss, weil ich sie nicht ständig zu den Ärzten begleiten kann, wenn ich mein Studium einigermaßen gut abschließen will. Dass ich aber sehr gerne einmal in der Woche mitkomme und sie unterstütze …“

Es kommen viele einzelne Schritte zusammen. Dann stellt Nika noch die Skalen-Frage: „Wenn das ideale Erreichen deiner Ziele ‚Spaß an der Arbeit‘ und ‚gut schlafen‘ für die 10 steht, wo bist du jetzt in diesem Moment?“

„Ich würde sagen: Auf der 5.“

„Das heißt, es ist schon einiges da. Sonst wärest du ja auf der 0.“

„Ich kann ja was. Ich habe nur im Augenblick nicht den richtigen Zugriff drauf." Liane macht jetzt einen deutlich ruhigeren Eindruck als zu Beginn des Gesprächs.

„Wenn du dir jetzt noch mal all die Maßnahmen und Schritte anschaust, die dir in deiner Masterarbeitszeit geholfen haben: Welche davon könnten dich denn deiner 10 einen Schritt näherbringen? Beziehungsweise: Welche könnten dir denn jetzt in den nächsten Wochen dabei helfen, deinen Projekt-Anteil zu einem guten Ende zu bringen?"

Auf einmal fällt Liane ganz viel ein: „Ich könnte wenigstens jeden Abend drei Dinge notieren, die gut gelaufen sind. Meditieren fange ich direkt heute wieder an, hätte ich längst machen sollen. Ich muss mit meinem Freund reden, dass ich nicht ständig für ihn da sein kann, aber wir vielleicht samstags zusammen seine Bewerbungen durchgehen. Und ich könnte einen Kreativitätsworkshop machen, damit es mich nicht mehr so stresst, wenn beim Brainstorming alle außer mir was sagen …"

„Ist das denn tatsächlich so?"

„Oh ja! Das ist auch ein Grund, weshalb ich nie fertig werde – ich habe immer das Gefühl, ich darf das nicht einfach nur so abarbeiten. Du erwartest schon auch eine originelle Umsetzung. Und da bin ich einfach nicht gut drin!"

„Was würde denn passieren, wenn du nur das ablieferst, was gefordert ist?"

„Wahrscheinlich wäret ihr im Augenblick einfach nur froh."

Zum Abschluss fragt Nika, welche Ideen Liane tatsächlich umsetzen möchte. „Alle. Ganz wichtig ist bestimmt das Gespräch mit meinem Freund. Dann kann ich mir abends Zeit nehmen für mein Erfolgstagebuch und fürs Meditieren." Sie präzisieren noch ein wenig, was am wichtigsten ist (falls sich „alle" doch wieder als zu viel erweist) und legen jetzt neu fest, welche Projektarbeiten Liane bis Freitag konkret erledigen wird.

Auch wenn sie schon mehrfach solche Vereinbarungen getroffen haben: Diesmal glauben beide daran, dass Liane am Freitag liefern wird. Beim Abschied an der Tür sagt Nika noch etwas zum Thema Kreativität: „Dir ist schon klar, dass du heute viele kreative Ideen abgeliefert hast, oder? Hast du Lust, dass wir uns nach dem Projekt noch mal anschauen, warum du dich da so unter Druck setzt?" Liane hat Lust.

Dieses Gespräch dauerte deutlich länger als die sonst üblichen knappen Vereinbarungen. Aber es hat sich für beide gelohnt. Klar ist für Nika, dass sie dranbleiben wird, auch wenn sie jetzt erst mal erleichtert ist. Wie ist sie konkret vorgegangen?

Ressourcen wecken durch Erinnern an früheren Erfolg

- Sie **steigt positiv ein,** indem sie festhält, dass Liane schon oft sehr gute Arbeit geleistet hat.

- Sie **erzeugt Ruhe** und nimmt damit Nervosität aus der Situation, indem sie sich selbst zurücklehnt und einmal tief durchatmet (die meisten Menschen reagieren darauf automatisch mit tieferem Atmen).

- Sie kombiniert die **hypothetische Frage** „Stell dir vor, das Projekt ist gut gelaufen …" mit der **unterschiedsbildenden Frage** „Was ist dann anders …?" und führt so ihren Coachee in einen **ressourcenvollen Zustand –** also weg vom Problem.

- Das verstärkt sie immer weiter, indem sie sich positives **Denken, Fühlen** und **Handeln** beschreiben lässt – also **weg vom** „Weniger Druck, nichts mehr versemmeln …" **hin zu** „Ich kann ja was, ich verschaffe mir einen Überblick …"(sogenannte **Hin-zu-Ziele).** Weil viele Menschen deutlich ausführlicher beschreiben können, was nicht gut ist, kann man hier unterstützen, indem man immer wieder fragt: Wie soll es **stattdessen** sein?

- Sie hält nur die **Hin-zu-Ziele schriftlich** fest, um ein Feststecken im Negativen zu vermeiden (auf den Karten steht also „Überblick verschaffen", „Gespräch führen" …).

- Sie bringt ihre Mitarbeiterin in einen **ressourcenvollen Zustand,** indem sie sich einen **früheren Erfolg Schritt für Schritt beschreiben** lässt. Das Berichten solcher gut verlaufenen Beispiele deckt Muster des Gelingens auf und steigert so das Bewusstsein für die eigene Selbstwirksamkeit – und damit das Selbstvertrauen.

Und sie nutzt folgende systemischen Fragen:

Hypothetische Frage: :
„Stell dir vor, das Projekt ist gut gelaufen …“

Unterschiedsbildende Frage:
„Was ist dann anders …“

Auswirkungsfrage:
„Was hat das für Auswirkungen, wenn du das ein paar Wochen oder Monate machst?“
• Erzeugt in diesem Beispiel noch mehr positive Gefühle

Reality Check:
„Ist das denn tatsächlich so (dass außer dir alle etwas sagen)?“
• Liefert hier weitere Hinweise für Blockaden

Skalenfrage:
„Wie kannst du deiner 10 einen Schritt näherkommen?“
• Liefert hier die besten Lösungsideen

Alles zusammen sorgt dafür, dass Nikas Coachee gestärkt aus dem Gespräch und mit mehr Zuversicht an ihre Aufgaben geht.

Natürlich hätte Nika die besprochenen Maßnahmen noch als KRAFT-Ziel formulieren lassen können (Akronym für Konkret – Realistisch – Attraktiv – Fixiert – Terminiert). Wichtiger war ihr in dieser Situation jedoch, nicht zu stark zu insistieren und Liane stattdessen lieber zu eigenen Erkenntnissen hinzuführen.

Gerade bei Leistungsabfall von ansonsten guten und zuverlässigen Teammitgliedern solltest du als Führungskraft auf die Gründe für das Nachlassen eingehen. Vielleicht sind es private Probleme, wie hier der Job-Verlust von Lianes Freund. Vielleicht sind sie aber auch unterfordert, weil sie gerade an keinem Projekt beteiligt sind, bei dem sie ihre Stärken einbringen können. Vielleicht fühlen sie sich nicht gesehen, vielleicht liegt aber auch ein Teamkonflikt vor, den du noch nicht mitbekommen hat.

Deine Aufgabe als Führungskraft ist es, zunächst die Ursache für den Leistungsabfall herauszufinden. Das gelingt dir mit aufrichtig interessierten, lösungsorientieren Fragen.

So funktioniert's auch remote

Die bisher beschriebenen Gespräche haben alle im Rahmen einer persönlichen Begegnung stattgefunden. Die waren aber leider in den letzten Monaten vielfach nicht möglich. Macht nichts. Du kannst alle Fragen genauso per Videokonferenz nutzen. Nehmen wir noch mal die Situation mit Nika und Liane weiter vorn. Wie könnte das Coaching funktionieren, wenn die beiden sich nicht persönlich treffen?

Auch in diesem Szenario will Nika das Gespräch mit Liane suchen, um das Projekt nicht zu gefährden. Allerdings sitzen die beiden diesmal in zwei verschiedenen Städten, sodass Nika nicht einfach mal morgens bei Liane hereinschneien kann. Sie schickt ihr also eine Mail:

„Liebe Liane, ich möchte mit dir besprechen, wie wir unser Projekt bis Ende Juni gut abschließen können. Du hast mir den Abschluss grundsätzlich zugesagt und schon oft genug bewiesen, wie zuverlässig du bist. Ich nehme allerdings wahr, dass es dir aus irgendeinem Grund in diesem Projekt gerade schwerfällt. Hier kommt auch gleich der Zoom-Link für eine Videoschalte am Montag um 14 Uhr. Da können wir zusammen überlegen, wie wir die nächsten Tage und Wochen ein wenig leichter für uns alle gestalten. Wenn der Termin nicht für dich passt, schreib mir bitte eine Alternative. Herzliche Grüße, Nika"

Liane verschiebt den Termin noch einmal, doch Nika bleibt hartnäckig. Für den Videocall bereitet sie diese Vorlagen auf einem Kollaborationstool (Miro, Mural, Conceptboard etc.) vor:

1. Stell dir vor, wir haben das Projekt erfolgreich abgeschlossen. Was ist dann anders als heute? (Beim Gespräch würde Nika das natürlich verbal ausschmücken. Lianes Antworten tippt sie in Kurzform auf Moderationskarten. Außerdem fragt sie konkretisierend nach, was dann anders ist in Lianes Denken, Fühlen, Handeln und Umfeld – und was das für Auswirkungen hat nach ein paar Wochen oder Monaten. Zum Abschluss dieser Vorlage lässt sie Liane auswählen, welche Karten ihr am wichtigsten sind.)

2. Gab es schon mal eine Situation, die dich ähnlich unter Druck gesetzt hat? Und die du am Ende erfolgreich gemeistert hast? (Wieder notiert Nika ein paar Worte zur Situation, dann fragt sie weiter) Wie bist du denn dabei Schritt für Schritt vorgegangen?

3. Wenn dein ideales Ziel … ist: Wo stehst du jetzt? Was ist denn schon da (weil du ja sonst auf der 0 wärest)? Und welche Muster von deinem Beispiel eben könnten dir auch in der aktuellen Situation helfen?

4. Welche deiner Ideen möchtest du nun tatsächlich nutzen? Bis wann? Wer oder was kann dich dabei noch unterstützen?

Direkt nach dem Abschluss des Gesprächs schickt Nika Screenshots des ausgefüllten Boards an Liane, damit diese ein Protokoll der Arbeitsergebnisse vorliegen hat.

Keine Angst vor Tränen: Gefühle im Job

Kompetenz im Umgang mit Emotionen wird zwar hochgepriesen in vielen Artikeln und Diskussionen rund um das Thema Leadership. Bei genauerem Hinsehen zeigt sich aber so etwas wie eine Zwei-Klassen-Gesellschaft. Leidenschaft ist super, brennen sollst du für dein Thema! Aber Wut? Oder gar Tränen? Lieber nicht, das ist Kontrollverlust. Schwach. Unprofessionell. Schäm dich.

Lena Marbacher hat das Wirtschaftsmagazin „Neue Narrative" mitgegründet, das Wege zu einer neuen, egofreien Arbeitswelt zeigen will, in der Menschen auf Augenhöhe agieren und sich selbst organisieren. Die letzte Ausgabe widmete sich dem Thema Mut, und Marbacher steuerte unter anderem den Essay „Warum es okay ist, in Meetings zu weinen" bei.[2]

Etwa sechsmal im Jahr weine sie bei der Arbeit, berichtet sie. Weil sie irgendwann feststellte, dass sie ihre Wirksamkeit besser entfalten kann, wenn sie authentisch ist. Und sich gefragt hat, was denn gut daran sein soll, wenn Menschen ihre Gefühle verbergen. „Ich glaube, das Gegenteil ist der Fall: Es wird einiges besser, wenn auch schwierige Emotionen einen festen Platz in Organisationen haben. Denn sie sind sowieso da. Und es kostet viel Energie, eine professionelle Maskerade aufrechtzuerhalten."

Vielleicht entstammt unsere Haltung, Arbeit müsse etwas maximal Rationales sein, noch dem Bild von arbeitenden Organisationen als gut geölte Maschinen, in denen die Menschen lediglich als Ressourcen betrachtet werden. Lebenswerter scheint uns auch hier das Bild der Arbeitswelt als sich evolutionär entwickelnder Organismus, in dem jede Zelle, also jeder Mensch mit seinen Emotionen, eine Bedeutung hat.

Menschen, die sich authentisch zeigen können, entwickeln Vertrauen und bauen eine Bindung zu ihren Teams und ihren Führungskräften auf. Gute Organisationen bestehen aus guten Beziehungen. Dafür brauchen wir schöne gemeinsame Erlebnisse, aber ebenso die Möglichkeit, schwierige Situationen zu thematisieren.

Doch wie führt man eine offenere Haltung zu Emotionen ein, ohne gleich alle zu überfordern? Beginnen wir wieder mit einer Selbstreflexion: Welche Reaktionsmuster greifen bei dir typischerweise, wenn jemand weint? Zum Beispiel bei Überforderung, wie in unserem Beispiel weiter oben? Meldet sich bei dir eine fiese kleine Stimme, die sagt: „Du bist schuld, du hast zu viel Druck ausgeübt!"? Vielleicht rutscht dir auch sofort ein „Das wird schon wieder ..." über die Lippen? Oder denkst du, da will dich jemand mit „Schonungstränen" manipulieren?

Alle drei Reflexe sind überdenkenswert:

1. Das Wort „Schuld" würden wir streichen. Wir wollen Menschen in ihrer Selbstwirksamkeit stärken – davon lenkt die Schuldfrage nur ab.

2. Sofort in eine tröstende Rolle zu schlüpfen heißt, die Augenhöhe zu verlassen. Auch damit nehmen wir den anderen die Chance, schnell in ihre Selbstverantwortung zu kommen.

3. Das Menschenbild vom manipulierenden Weiner mögen wir nicht. Und wenn wir weder über Schuld noch über Trost sprechen, würde diese Strategie ohnehin keinen Sinn ergeben.

Auf Dauer hilfreicher sind deshalb Gedanken wie diese:

1. Hier zeigt mir jemand ein Gefühl – das ist viel kostbarer als die Info, wie er seinen Kaffee am liebsten trinkt.

2. Ehrliche Gefühle bringen die Themen auf den Tisch, die wir lösen müssen.

3. Je weniger Energie wir ins Verbergen negativer Emotionen stecken müssen, desto mehr Energie bleibt für das, was wir erreichen wollen.

Alles schön und gut, doch wie bringt man sein Team in einer bisher eher emotionsfreien Umgebung dazu, auf einmal über Gefühle zu sprechen?

Emotionalisiere den Check-in bei euren Meetings: Emotional Boarding

Macht es euch zur Gewohnheit, bei jedem Meeting reihum einen Satz zu eurer jetzigen emotionalen Verfassung zu sagen. Geh du als Führungskraft voran, indem du jedes Mal deine konkrete Verfassung in einem Satz zum Ausdruck bringst, durchaus auch mit privaten Erklärungen, wie zum Beispiel:

„Mich beschäftigt noch die Sorge um meine Eltern, die immer noch keinen Impftermin haben."

„Ich bin heute müde, unser Jüngster bekommt Zähne und quält sich nachts ganz arg damit."

„Meine Laune ist heute großartig, ich freue mich auf ein Tennismatch mit einem alten Schulfreund heute Abend."

Den noch vertrauensvolleren Rahmen bieten natürlich immer Eins-zu-eins-Gespräche. Auch hier unterstützen dich systemische Fragen, über die du auch die Gefühlsebene abfragen kannst:

- Gibt es ähnliche Situationen, in denen du ganz anders fühlst? (Ausnahmefrage)
- Was hat das für Auswirkungen auf deine Gefühle, wenn sich etwas/nichts ändert? (Auswirkungsfrage)
- Welches Gefühl würde dir – rein theoretisch – weiterhelfen? (Hypothetische Frage)
- Welches Gefühl würde alles noch schlimmer machen? (Paradoxe Frage)
- Was ist dann anders in deinem Fühlen? (Unterschiedsbildende Frage)
- Was war damals anders in deinem Fühlen, als es noch besser war? (Unterschiedsbildende Frage)

"Kompetenz im Umgang mit Emotionen ist ein wichtiger Bestandteil einer zukunftsfähigen Arbeitswelt."

Lena Marbacher,
Neue Narrative Magazin

Case Study 4: „Das reicht mir nicht …“ Potenzialträger aufbauen und halten

Ja, wir brauchen mehr Diversität in unseren Teams, um immer wieder neue, bessere und passende Ideen für die Herausforderungen unserer Zeit entwickeln zu können. Und ja, grundsätzlich sollten wir alle Mitarbeiter als Talente sehen, die sich entsprechend ihren Stärken und Interessen weiterentwickeln wollen. Das sind zwei unserer festen Überzeugungen: So schaffen wir eine nachhaltige, erfolgreiche und lebenswerte Unternehmenswelt, in der andere gerne mitarbeiten wollen.

Und doch gibt es auch die heimlichen Rockstars. Die Mitarbeiter, von denen wir uns mehr versprechen. Mit denen wir die besonderen Projekte angehen könnten, die wir schon länger im Hinterkopf haben. Oder denen wir einen Teil unserer Aufgaben übertragen könnten. Vielleicht weil sie ordentlich Drive mitbringen oder ein sensationelles Charisma haben, unglaublich gut vernetzt oder einfach wahnsinnig kreativ oder visionär sind …

Leider bleiben diese Eigenschaften auch anderen nicht verborgen und so ziehen die Rockstars oft weiter zur nächsten Bühne, wo sie wieder etwas Neues lernen oder auf die Beine stellen können. Manchmal sehen wir es kommen und finden trotzdem keine Möglichkeit, im bestehenden Betrieb die Aufgaben attraktiver für diese Potenzialträger zu machen. Oder es trifft uns eiskalt, wenn sie uns plötzlich ihre Kündigung in die Hand drücken.

Damit dir das immer seltener passiert: Über systemische Fragen kannst du mit deinen Potenzialträgern herausarbeiten, welcher nächste Entwicklungsschritt sie faszinieren und mit neuer Leidenschaft ans Werk gehen ließe. Damit es wieder rockt.

Cora erinnert Stavjo an sein jüngeres Ich. Vom ersten Tag an warf sie sich mit aller Energie in die schwierigsten Projekte, schlug von sich aus Fortbildungen vor, wickelte die Kunden um den Finger und inspirierte Stavjo dazu, noch mal ein neues Beratungsprodukt zu entwickeln. Sie lief quasi von selbst, suchte sich Herausforderungen, riss andere mit. Nach einem Jahr war sie Senior Beraterin, nach einem weiteren Jahr Stavjos Stellvertreterin. Er sah eine lange, für beide Seiten glückliche Partnerschaft als Mixed Double vor sich liegen.

Die Ernüchterung kam im Jahresgespräch. „Der nächste logische Karriereschritt wäre dein Job für mich, aber ich will ja nicht an deinem Stuhl sägen", sagte sie. Er hielt das noch für einen Scherz, weil sie wieder ihr unwiderstehliches Lächeln aufgesetzt hatte. „Aber ich kann auch nicht tatenlos warten, bis sich mal zufällig was ergibt. Kannst du mir hier noch eine echte Entwicklung anbieten?"

Stavjo glaubte, nicht richtig zu hören. Da hatte er das Küken aufgepäppelt und jetzt wollte es ihm in den Napf spucken? „Bleib mal auf dem Teppich, du musst ja nicht gleich zwei Nummern überspringen …"

„Ich sehe da nur eine Nummer dazwischen. Aber wie gesagt, ich bin offen für Vorschläge."

Da Stavjo auf die Schnelle natürlich nichts bieten konnte und außerdem Mühe hatte, seinen Ärger im Zaum zu halten, verschaffte er sich erst mal Zeit und legte einen Folgetermin zu diesem Thema in die nächste Woche. Nachdem Cora das Zimmer verlassen hatte, wurde ihm schockartig klar: Wenn sie sich nach einem anderen Job umsieht, würde er viele von ihren Aufgaben wieder selbst übernehmen müssen, von der Kundenbetreuung bis hin zur Mitarbeitendenmotivation. Es gibt niemandem im Team, der ihren Anteil einfach so übernehmen könnte. Und bis wieder jemand eingearbeitet ist … Horrorvorstellung!

Nachdem er seinen Frust zwei Stunden lang an Tennisbällen abreagiert hatte, musste sich Stavjo zwei Dinge eingestehen: 1. Er hatte es sich mit Cora zu gemütlich eingerichtet und sich gerne ein paar Dinge abnehmen lassen, für die es nun kein Backup gab. 2. Er hatte keine Ahnung, welche Alternativen (außer seinem Stuhl) für Cora überhaupt interessant waren. Sie redeten eigentlich immer nur über Projekte und Kunden oder Kollegen, manchmal auch über Hobbys und Urlaube, niemals jedoch über Träume und Sehnsüchte.

Beides würde er nur mit Cora zusammen lösen können. Er überlegte also, welche systemischen Fragen ihm hier weiterhelfen, und entwickelte einen Fragenkatalog, der sie beide deutlich weiterbringen würde. Dann vereinbarte er einen neuen Termin mit Cora.

*

„Ich freue mich sehr, dass du mir doch ein Entwicklungsangebot machen willst“, sagt Cora zum Einstieg. „Grundsätzlich bin ich ja gerne hier. Also schieß los.“ Sie lehnt sich zurück und schlägt die Beine übereinander.

„Genau genommen habe ich hier kein fertiges Angebot für dich. Ich würde gerne mit dir zusammen schauen, ob wir miteinander ein attraktives Paket für dich schnüren können. Würdest du mir dafür ein paar Fragen beantworten? Deine Antworten würde ich außerdem gerne visualisieren, wenn du einverstanden bist?“

Cora runzelt die Stirn und schaut auf die Uhr. „Um elf muss ich aber weiter.“

„Wir schauen einfach, wie weit wir kommen und ob wir da einen Ansatz sehen, okay? Zuerst wüsste ich gerne: Wenn es keinerlei Einschränkungen oder auch Hemmungen deinerseits gäbe – welcher Job hier im Haus wäre am spannendsten für dich? Du hast ja schon gesagt, das wäre meiner.“ Stavjo zwinkert ihr zu und schreibt „Teamlead von Stavjo übernehmen“ auf eine Karte. „Welcher Posten würde dich noch interessieren?“

Cora rutscht auf ihrem Stuhl hin und her. „Deinen Job will ich ja eben nicht, ich will ja nicht gegen dich arbeiten.“

„Und wenn ich gehe? Würdest du dann nicht gerne übernehmen?“

„Du gehst???“

„Nein, ich frage rein hypothetisch.“

Cora muss nicht lange überlegen. „Wenn du was anderes Gutes hättest, dann würde ich sehr gerne die Abteilung leiten. Aber was bringt mir das Theoretisieren?“

„Wir schauen einfach mal. Wenn man mal verschiedene interessante Möglichkeiten schwarz auf weiß vor sich liegen hat, dann kommt man oft auf ganz neue Ideen."

Sie sammeln also und blicken nach einer Weile auf diese Auswahl: „Teamlead andere Abteilung im Bereich Sustainability", „Produkt zu Talentmanagement entwickeln", „Großkunden von Stavjo übernehmen"

„Und außerhalb unserer Firma? Was würde dich da reizen?"
Es folgen die Karten „Senior Partner bei kleinerer Beratung", „Innovationstrainerin", „als Beraterin selbstständig machen"

„Jetzt stell dir vor, ich gebe dir das nötige Startkapital, damit du noch mal etwas ganz Neues lernen oder anfangen kannst – was könnte das denn sein?"

„Ich würde wahnsinnig gerne eine Speaker-Ausbildung machen und dann meine Themen auf großen Bühnen vertreten." Cora findet immer mehr Gefallen an dem Brainstorming über ihre Zukunft.

„Bei wem würdest du denn da am liebsten in die Lehre gehen?"

„Na, wenn du so fragst: bei Barack Obama!"

Stavjo lacht und notiert auch das. „Was würde dich sonst noch interessieren?"

Es folgen Karten mit „ein Buch über Frauen in der Beratungsbranche schreiben", „Promovieren", „Programme für Kinder aus benachteiligten Familien entwickeln" und „Ausbildung zu Konditorin machen"

„Konditorin? Was gefällt dir daran so gut?"

„Einerseits ist das ein sehr exaktes Handwerk, beim Backen muss du dich weitgehend an die Rezeptmengen halten, sonst geht es in die Hose. Anders als beim Kochen, da kannst du mehr experimentieren. Dafür ist der Konditor im zweiten Schritt ein Künstler. Torten-Deko kann unfassbar schön sein!"

Stavjo staunt nicht schlecht, das hat er nicht erwartet. Obwohl: Jetzt fällt ihm ein, dass Cora an ihrem Geburtstag immer eine tolle Torte mitbringt. „Waren die etwa selbstgemacht?"

„Ja, aber das geht natürlich deutlich besser."

Eine Weile sammeln sie noch, dann blicken sie gemeinsam auf die stattliche Ausbeute.

„Und wenn du jetzt tatsächlich drei Dinge davon tun könntest: Welche wären das?"

Cora steht auf, nimmt verschiedene Karten in die Hand, legt sie wieder ab, läuft hin und her. „Dürfen es auch vier sein?"

„Auch okay", lacht Stavjo.

Sie entscheidet sich für die „Speaker-Ausbildung bei Barack Obama", die „Ausbildung zur Konditorin", „Innovationstrainerin" und „Programme für benachteiligte Kinder entwickeln".

„Wenn du jetzt auf diese Auswahl schaust: Welche Schlüsse ziehst du daraus für deinen nächsten beruflichen Entwicklungsschritt?"
Cora blickt lange wortlos auf die Karten.

„Magst du vielleicht laut denken?" fragt Stavjo.

„Ich stelle gerade fest, dass da gar keine Karte liegt, die etwas mit Aufstieg oder Führung zu tun hat."

„Du kannst gerne noch mal Karten tauschen."

Cora schüttelt den Kopf.

„Es ist jetzt fünf vor elf, wollen wir für heute ein Fazit ziehen und nächste Woche weitermachen?" Stavjo hat die Uhr im Blick, damit sich Cora auf ihre Gedanken konzentrieren kann. Doch sie schüttelt den Kopf.

„Wenn du noch ein paar Minuten hast, würde ich den Gedanken eben zu Ende führen." Sie ruft eine Kollegin an und verschiebt ihren Elf-Uhr-Termin. Stavjo hat sich ohnehin zwei Stunden geblockt.

„Ich will wieder lernen. Etwas Neues. Etwas, das außerhalb unserer Beratertätigkeit liegt. Und es sollte dringend etwas Kreatives sein. Das fehlt mir im Augenblick einfach bei all den Zahlen."

„Welche Auswirkungen hätte das denn, wenn du diese vier Dinge kannst beziehungsweise gemacht hast?“

Cora beginnt zu lächeln, dann zu strahlen. „Wenn ich gut bin als Speakerin, was ich nach dieser Ausbildung zweifelsohne sein werde, dann werde ich selbst eine Marke. Das ist auch gut für die Company, die mich dann anders einsetzen oder verkaufen kann. Meine Innovationstrainings werden spektakulär, weil ich dort meine Rednerqualitäten natürlich auch einsetzen kann. Durch die Lehre zur Konditorin kann ich dann auch superästhetische Präsentationen erstellen, weil ich viel über Proportionen und Farbkompositionen gelernt habe. Und durch die Kinderprogramme habe ich das Gefühl, der Welt auch etwas zurückzugeben.“

Stavjo lässt diese Erkenntnisse noch ein wenig wirken. Dann fragt er weiter: „Was davon könntest du denn tatsächlich in dein Leben integrieren?“

„Die Lehre geht natürlich nicht neben dem Job, dafür müsste ich kündigen und das will ich nicht. Aber es gibt ja tolle Kurse, da könnte ich mal schauen. Und bei der Gelegenheit schaue ich auch nach Angeboten für Speaker.“

„Welche Ideen hast du zu den Innovationstrainings und zu den Kinderprogrammen?“

„Ein früherer Kommilitone von mir ist Innovationstrainer geworden. Ich könnte ihn fragen, ob ich bei ihm mal hospitieren kann. Einfach um zu sehen, ob das was für mich wäre. Und bei den Kinderprogrammen müsste ich erst mal recherchieren, was es bereits gibt.“

„Bei welcher dieser Maßnahmen könnten wir dich als Arbeitgebende unterstützen? Als nächsten Entwicklungsschritt sozusagen.“

Cora schaut ihn überrascht an, das hatte sie gar nicht mehr auf dem Schirm. Aber wo er fragt …

„Ihr könntet mir die Speaker-Ausbildung finanzieren. Und mir vielleicht Tage für die Hospitation freigeben.“

Stavjo nickt. „Du könntest natürlich auch mal mit der PR-Abteilung sprechen, ob die Kontakte zu Kinderhilfsorganisationen haben. Ich weiß, dass sie letztes Jahr einen Verteiler zu Nachhaltigkeitsthemen aufgebaut haben – vielleicht hätten sie auch Interesse daran, so ein gesellschaftliches Engagement unserer Mitarbeiter zu unterstützen."
Gemeinsam beschließen Cora und Stavjo: Sie recherchiert bis nächste Woche, was es gibt und was es kosten würde, er klärt seinerseits mit der Personalabteilung und seinen Vorgesetzten, inwieweit sie hier fördern können. Dann treffen sie sich wieder.

*

Am Ende vereinbaren sie Folgendes:

1. Cora bekommt eine Speaker-Ausbildung im Wert von knapp 6.000 Euro finanziert und wird an den Ausbildungstagen freigestellt. Danach kann sie – nach Absprache mit dem Marketing auch im Namen der Firma – auf Kongressen etc. auftreten.

2. Kontakte zu Kinderhilfsorganisationen gibt es im Unternehmen noch keine, die PR-Abteilung sieht hier jedoch Potenzial und unterstützt Cora mit einem Zeit- und einem Geld-Budget, um hier ein Sponsoring aufzubauen.

3. Diese Vereinbarungen gelten für ein Jahr, danach findet das nächste Entwicklungsgespräch zwischen Stavjo und Cora statt.

Cora bedankt sich herzlich und ist sehr zufrieden mit der Aussicht auf ihr nächstes Jahr.

*

Auch Stavjo ist froh über das Ergebnis ihres Coachings. Was er immer häufiger merkt: Aus jedem dieser Gespräche nimmt er eine oder mehr Inspirationen für sich selbst mit. Als Cora von Barack Obama sprach, kam ihm auf einmal Nico Rosberg in den Sinn. Der war schon als Sportler Weltklasse und hat sich mittlerweile als Investor einen Namen gemacht. Absolut bewundernswert, findet Stavjo. Er wird gleich mal recherchieren, wo der eigentlich sein Investment-Know-how erworben hat …

Theoretisch besteht natürlich die Gefahr, dass Cora im Laufe des Coachings feststellt: Mein Weg sollte an anderer Stelle weitergehen. Dann wird sie aber mit einem sehr positiven Eindruck aus der Firma scheiden. Und sie wird als Markenbotschafter verbreiten: Bei Stavjos Unternehmen wird man maximal persönlich gefördert. Möglicherweise sucht sie sogar später als mögliche Auftraggeberin erneut die Zusammenarbeit.

Häufig kommt bei Entwicklungscoachings allerdings heraus, dass der Wunsch nach einem höheren Status eher dem bisherigen Verständnis von Karriere geschuldet ist. Man muss doch aufsteigen, sonst ist man nicht gut! Dabei passt so oft ein anderer Schritt viel besser zur persönlichen Entwicklung und den eigenen Wünschen. Wenn Mitarbeitende das gemeinsam mit ihren Führungskräften herausfinden, dann entsteht auch eine neue Form der Bindung und des Austauschs, die für beide Seiten zutiefst befriedigend sein können.

Wie ist Stavjo vorgegangen?

- Er hält gleich zu Beginn des Gesprächs fest, dass Coras **Wunsch** nach seiner Stelle im Sinne von Weiterentwicklung durchaus **legitim** ist!

- Dazu regt er an, **gemeinsam nach Lösungen zu forschen** und **erst mal alles zu sammeln,** denn „Wenn man mal verschiedene interessante Möglichkeiten schwarz auf weiß vor sich liegen hat, dann kommt man oft auf ganz neue Ideen“. So erklärt er indirekt die Technik des divergierenden und konvergierenden Denkens.

- Es gelingt ihm, durch seine Rückfragen **authentisch** seine **Neugier** zu **zeigen** und so Vertrauen aufzubauen, auch alles sagen zu können (z.B. indem er fragt, wer für Cora denn ein meisterhafter Redner sei und was sie besonders am Konditoreihandwerk reize).

- Abschließend fragt er nach den **drei wichtigsten Karten** – jetzt kann Cora in sich hineinspüren, welche Aussichten ihr tatsächlich attraktiv erscheinen.

- Für den **Transfer** fragt er, wie sich diese **Tätigkeiten in ihre aktuelle berufliche Aufgabe integrieren** ließen. Anschließend gibt er ihr eine Woche Zeit für ausführliche **Recherchen** und vereinbart schließlich ganz **konkrete nächste Schritte.**

Und er nutzt überwiegend folgende systemischen Fragen:

In diesem Gespräch kommt vor allem die **hypothetische Frage** immer wieder und in verschiedenen Ausführungen vor: „Wenn es keinerlei Einschränkungen oder auch Hemmungen deinerseits gäbe, was wäre am spannendsten für dich?", „Was würde dich außerhalb unserer Firma reizen?", „Stell dir vor, ich gebe dir das nötige Startkapital, damit du noch mal etwas ganz Neues lernen oder anfangen kannst – was könnte das sein?" …

Das öffnet den Blick auf Interessen, Wünsche und Sehnsüchte.

Auswirkungsfrage:
„Welche Auswirkungen hätte es, wenn du das gelernt beziehungsweise gemacht hast?"

Erzeugt positive Gefühle und liefert Lösungsideen, wie sich die Wünsche und Interessen mit der aktuellen Tätigkeit kombinieren oder ergänzen lassen.

Insgesamt sorgt dieses Gespräch dafür, dass Cora **auf einmal Möglichkeiten sieht und weiterdenkt, die sowohl ihre persönliche Entwicklung fördern als auch Chancen bieten, ihren jetzigen Job anzureichern oder aufzuwerten.**

Damit **bindet** Stavjo als Führungskraft eine seiner leistungsstärksten Mitarbeiterinnen **ans Team und ans Unternehmen** und gewinnt dazu noch **Inspiration** für seine eigene Zukunft.

Case Study 5: „Liebe Vorstände, reden wir über Möglichkeiten“ – Druck von oben abfedern

Haben wir bisher den Eindruck erweckt, dass immer nur die Mitarbeitenden Coaching-Bedarf haben? Dem stimmt so natürlich nicht. Coaching-Kompetenz lässt sich in nahezu allen Gesprächssituationen einsetzen. Also auch mit Kolleg*innen, wenn komplexe Situationen gelöst werden sollen, mit Kund*innen bei der Auftragsklärung – oder mit Geschäftsführung oder Vorständen, die vielleicht hin und wieder dazu neigen, Druck auszuüben. Auch hier kannst du über systemische Fragen den Blick auf das Machbare lenken.

Nikas Chef Heiner ist inspirierend und ausgesprochen visionär. In dem aufstrebenden mittelständischen Unternehmen hat er frühzeitig für die Umstellung auf E-Mobility-Antriebssysteme gesorgt und damit den heutigen Erfolg gesichert. Außerdem ist er ein gefragter Teilnehmer bei Podiumsdiskussionen, weil er sehr charismatisch für die Verbindung von Nachhaltigkeit und Wirtschaftlichkeit argumentieren kann. Heiner schillert, reißt mit, ist umworben – und manchmal arg bossy.

Am unangenehmsten findet Nika ihn immer dann, wenn er ihr ein spannendes Projekt übertragen hat, dann aber noch vor Ablauf der Frist eingreift, Entscheidungen über ihren Kopf hinweg trifft oder Inhalte kommuniziert, die nicht in ihrem Sinne sind – um sich dann an anderer Stelle zu beschweren, dass „seine Leute einfach nicht initiativ genug sind".

Gerade ist es mal wieder so weit. Seit über einem Jahr ist das Unternehmen pandemiebedingt im Remote-Modus und Nika hat seit Monaten nur kurze Online-Meetings, um sich mit Heiner auszutauschen. In einem dieser Update Calls eröffnet er ihr seine neueste Zukunftsidee: Er will das Thema Intrapreneurship im Unternehmen einführen. Allerdings nicht durch überbezahlte Innovationsmanager*innen, die auf unverschämt kostspieligen Creative Areas ganz schnell disruptivere Ideen liefern wollen ... „Alles irre teuer und dann kommt doch nichts dabei rum. Weil diese Leute ewig brauchen, um die Firma überhaupt erst mal zu verstehen." Da hat er einen besseren Plan. „Wir haben so viele schlaue Köpfe bei uns – wäre doch gelacht, wenn wir in die nicht so was wie eine Startup-Mentalität reinbringen."

Nika stört sich zwar an seiner Wortwahl, findet das Thema aber auf Anhieb gut. Um zu verhindern, dass Heiner wieder dazwischenfunkt, schlägt sie vor: „Ich mache mir mal Gedanken über das konkrete Wer, Wie und Was. Diese Ideen würde ich dann gerne in einem Kick-off mit dir besprechen. Nur um zu sehen, ob ich auf dem richtigen Weg bin."

„Das war doch gerade unser Kick-off. Ich habe mir schon meine Gedanken dazu gemacht und maile dir gleich mal, was euer Team bis Ende des Jahres erreichen sollte."

„Das sind aber nur noch vier Monate."

„Genau, wir sind ja im Homeoffice und haben mehr Zeit. Lass uns einfach maximal agil sein. Ich muss jetzt in den nächsten Call, freu mich auf dein Update dazu nächste Woche."

Nika seufzt und denkt bei sich: „Typisch." Ein Blick in ihren Mail-Eingang bestätigt ihre Ahnung: Heiner will, dass Nika mit ihrer Abteilung den Prototyp eines Intrapreneurship-Systems entwickelt, das sich bis Ende des Jahres unternehmensweit einführen lässt, um im nächsten Jahr damit den Gewinn um rund 10 Prozent zu steigern.

Früher hätte Nika Nachtschichten eingelegt, um ein halbwegs schlüssiges Konzept zu entwickeln, wie sich Unmögliches möglich machen lässt. Heute greift sie auf ihr Coaching-Know-how zurück und bereitet einen fragebasierten Leitfaden vor. Damit die wirklich gute Idee nicht verbrannt wird, sondern eine echte Chance bekommt.

Dann schreibt sie an Heiner: „Danke für die Zahlen. Bevor wir nächste Woche über ein Update dazu sprechen, hätte ich noch ein paar Fragen an dich, die für diese wirklich gute Idee super zielführend sind. Habe in deinen Kalender geschaut und uns für übermorgen 30 Minuten geblockt."

Nach einer kurzen Begrüßung kündigt Nika an, den Bildschirm zu teilen und ein kollaboratives Whiteboard zu öffnen, damit sie ihre Gedanken sofort notieren und sortieren können. „Das spart uns später Zeit."

„Ich finde die Idee, das Thema Intrapreneurship verstärkt anzugehen, richtig gut. Zum Einstieg würde es mir sehr helfen, wenn du mir deine Sicht näherbringst: Was verstehst du konkret unter Intrapreneurship?"

„Dass Mitarbeiter mehr Verantwortung übernehmen und selbst die Initiative ergreifen. Zum Beispiel Lösungen vorschlagen, wenn Dinge nicht so laufen, wie sie sollen. Oder wenn ein Hindernis auftaucht. Die sitzen doch ganz nah dran und wissen am besten, was zu tun ist."

„Was denkst du: Wo stehen wir aktuell mit den Themen Selbstverantwortung und Eigeninitiative bei uns im Unternehmen? Wenn du dir eine Skala von 0 bis 10 vorstellst, wobei die 10 für deinen absoluten Idealzustand steht – wo siehst du uns jetzt?"

„Naja, die 10 ist noch weit weg, aber an der Null sind wir auch nicht mehr. Es gibt ja einige Projekte. Also sagen wir mal, wir stehen bei einer 3,5."

„Mal angenommen, unser Intrapreneurship-Modell ist ein voller Erfolg und funktioniert genau so, wie du dir das gerade vorstellst. Wir sind also auf der 10. Was ist dann konkret anders?"

„Gute Frage ... Im ersten Jahr hätten wir auf jeden Fall zehn Prozent mehr Gewinn. Und dann? Ich würde erwarten, dass unser Unternehmen resilienter wird und fitter auf Krisen reagieren kann durch die Ideen, die über solche Mechanismen reinkommen.“

„Okay. Was ist denn dann in den Abläufen anders?“

„Ach je, was weiß ich … die Leute machen sich selber mal Gedanken, was man hier verbessern könnte. Fühlen sich zuständig. Und wollen auch irgendwie mit anpacken und sehen, dass sie Anteil am Erfolg haben.“

„Was sagen unsere Leute dann über unser Unternehmen?“

„Dass wir innovativ sind. Und dass wir ein sauguter Arbeitgeber sind für kreative Leute, die was auf die Beine stellen wollen … Bei uns geht keine Idee verloren.“

„Was sagt dann der Wettbewerb über uns?“

„Die hassen uns natürlich, weil alle guten Leute nur noch zu uns wollen.“ Er lacht jetzt und hat sichtlich Spaß am Weiterspinnen. „Dann hätten wir kaum mehr Fluktuation. Dafür vielleicht sogar Spin-offs, also Tochterfirmen, die sich aus den Innovationen ergeben. Damit könnten wir unseren kreativsten Leuten ganz neue Entwicklungsmöglichkeiten bieten.“

„Welche Auswirkungen hätte das auf Dauer?“

„Wir würden Geld sparen im Recruiting. Und kein Know-how würde durch den Weggang von wichtigen Leistungsträgern verloren gehen.“

„Und wenn das alles so ist: Was kann denn im besten Fall passieren?“

„Dann werden wir zu einem multinationalen Konzern im Bereich eMobilität, führend im Bereich Innovationen, mit den effektivsten Strukturen und den glücklichsten Mitarbeitenden.“ Heiner grinst von einem Ohr zum anderen. Er will es wie einen Scherz klingen lassen, aber insgeheim ist es genau das, was er gerne hätte.

„Welche negativen Auswirkungen könnte das denn auch haben?“ hakt Nika nach.

Da muss Heiner überlegen. „Dass wir zu schnell wachsen. Das könnte unser Unternehmen in seiner Stabilität gefährden. Wir würden attraktiv für einen Aufkauf werden. Und uns auf einmal in Investoren-Hand wiederfinden … Zu viele Innovationen könnten auch dazu führen, dass wir nur noch mit Optimieren beschäftigt sind und dabei unser Kerngeschäft vernachlässigen."

„Okay, dann haben wir jetzt mal ein Best- und ein Worst-Case-Szenario festgehalten. Was sagt denn der Macher in dir? Was gibt es zu tun?"

„Wie meinst du das?"

„Na du bist doch ein begnadeter Pragmatiker. Was können wir tun, um die Chancen zu nutzen und die Risiken klein zu halten?"

Heiners Blick schweift in die Ferne. „Nicht zu viel auf einmal wollen. Wir müssen uns fokussieren und dann ganz agil vorgehen. Vielleicht sollten wir ein Leuchtturm-Projekt finden, das wir im Erfolgsfall skalieren können."

Das ist der Punkt, an dem Nika inhaltlich einsteigt. „Super Idee. Wir könnten eine Challenge ausrufen, die jede Abteilung auffordert, eine Idee einzureichen. Nach dem Motto: Was würdet ihr machen, um den Gewinn im nächsten Jahr um zehn Prozent zu erhöhen."

„Top! Das machen wir."

„Wir müssten dann auch überlegen, wie viel Budget und Zeit die Gewinner für die Umsetzung ihrer Idee bekommen. Ich entwerfe mal ein Grobkonzept einschließlich möglicher Rahmenbedingungen, wie so ein Wettbewerb aussehen und ablaufen könnte. Darüber können wir dann nächste Woche konkret reden."

Darauf lässt sich Heiner ein. „Klingt nach einem vielversprechenden Ansatz, da habe ich ein ganz gutes Gefühl."

Auch Nika ist glücklich mit dem konstruktiven Verlauf des Gesprächs. Sie weiß jetzt, wie ihre nächsten Schritte aussehen, und setzt sofort einen Videocall mit ihrem Team auf.

Eigentlich hat Nika eine konkrete Arbeitsaufforderung erhalten. Aus Erfahrung weiß sie aber, dass diese Aufgabe noch sehr groß und wenig greifbar ist. Und dass ihre Auffassung von Projektinhalten manchmal eine ganz andere ist als die von Heiner. Deshalb investiert sie noch mal Zeit in ein Klärungsgespräch, um Heiners Ziel hinter dem Ziel näher zu beleuchten und damit besser zu verstehen. Was will er ganz konkret mit diesem Projekt erreichen?

Ein wenig besorgt ist sie schon. Wird er sich auf diese Fragen überhaupt einlassen? Die Alternative ist allerdings noch unattraktiver. In der Vergangenheit hat sie viel Zeit und Mühe für die Ausarbeitung von Ideen verwendet – nur um dann festzustellen, dass ihre Ergebnisse nicht das waren, was Heiner wollte. Also versucht sie diesmal, ganz gezielt mit systemischen Fragen und der Visualisierung den Auftrag und einen ersten Schritt so klar wie möglich herauszuarbeiten.

Wie ist Nika konkret vorgegangen?

- Sie wird **zeitnah aktiv** und fordert ein **weiteres kurzes Gespräch** ein, statt bis zum nächsten Update zu warten. Denn würde sie erst dann ihre Fra**gen stellen,** wäre Heiner möglicherweise verärgert, weil er da bereits Ideen erwartet.

- Mit **konkretisierenden Rückfragen** („Was genau meinst du mit …?", „Was verstehst du unter …?") erfährt sie, was Heiner sich durch das Intrapreneurship-Konzept erhofft.

- Sie sorgt für eine **positive Atmosphäre,** indem sie kommuniziert, warum sie noch mal ein Gespräch wünscht, dass sie die Idee grundsätzlich richtig gut findet und dass sie Heiners pragmatische Seite ehrlich schätzt.

- Durch die **Visualisierung** auf dem geteilten Whiteboard hält sie Heiners wichtigste Aussagen fest, sodass auch er sieht: Ich werde gehört und verstanden. Gleichzeitig gibt sie ihm damit einen Raum, um seine Idee zu reflektieren und zu konkretisieren: Wo liegen Chancen? Wo Risiken? Was ist zu bedenken?

- Am Ende des Gesprächs herrscht für beide **Klarheit.** Heiner weiß ziemlich genau, was er in einer Woche bekommen wird: Ein Grobkonzept, wie sich eine konkrete Idee Schritt für Schritt unter bestimmten Rahmenbedingungen umsetzen lässt. Und Nika weiß ebenso konkret, woran sie mit ihrem Team arbeiten kann.

Welche systemischen Fragen hat Nika hier genutzt und angepasst?

Skalenfrage:
„Auf einer Skala von 1 bis 10: Wo stehen wir aktuell mit dem Thema bei uns im Unternehmen?"

Hypothetische Frage:
„Angenommen, wir sind schon auf der 10: was ist dann anders? In unseren Abläufen? Was noch? Was konkret?"

Zirkuläre Frage:
„Was würden unsere Mitarbeiter dazu sagen?"
„Was sagt dann unser Wettbewerb über uns?"
„Was sagt denn der Pragmatiker in dir, was ist zu tun?"

Auswirkungsfrage:
„Welche Auswirkungen hätte das auf Dauer?"
„Was kann im besten Fall passieren?"
„Was wäre der Worst Case?"

Intrapreneure: Unternehmer im Unternehmen

„Intrapreneurship“ kombiniert die beiden englischen Begriffe intracorporate (innerbetrieblich, unternehmensintern) und entrepreneurship (Unternehmertum). Es bedeutet, dass Mitarbeitende innerhalb ihres Unternehmens ihre eigenen innovativen Ideen entwickeln, vorantreiben und umsetzen.

Vorteile für Intrapreneure: Sie tragen keinerlei finanzielles Risiko, weil sie im Angestelltenverhältnis bleiben. Bei Erfolgen ist häufig eine Beteiligung oder Bonuszahlung vereinbart. Und sie können auf die Infrastruktur ihrer Firma zurückgreifen, etwa Materialien über den Einkauf bestellen oder Unterstützung über Buchhaltung, Marketing und PR-Abteilung erhalten.

Nachteile für Intrapreneure: Wenn die Innovation ein Riesenerfolg wird, streicht das Unternehmen den Löwenanteil am Gewinn ein. Außerdem müssen Entscheidungen mit der entsprechenden Führungsebene abgestimmt werden.

Aktuell nimmt der Trend Intrapreneurship Fahrt auf, weil er vor allem für größere Unternehmen ein hartnäckiges Problem löst: Frisches Wissen und die Inspiration für innovative Entwicklungen kauften diese zuletzt immer häufiger von außen ein. Sei es über clevere Startups oder über Studierende, die mit ihren Abschlussarbeiten auf sich aufmerksam machten. Allerdings gab es hier immer wieder große Abstimmungsschwierigkeiten, weil die grandiose Idee dann doch nicht so gut auf die Unternehmenskultur, -struktur oder Ähnliches übertragbar war. Außerdem ließ die Akzeptanz bei den Mitarbeitenden oft zu wünschen übrig. **Denn viele kreative Ideen waren längst da, wurden aber nicht abgerufen.**

> **Die eigenen Leute haben oft die besten Ideen, denn sie kennen das Unternehmen bzw. ihre eigene Abteilung von Grund auf und wissen, wo Verbesserungspotenziale liegen.**

Also führen jetzt immer mehr Organisationen Intrapreneurship-Programme ein, stellen die entsprechenden Strukturen sowie freie Zeit und Budgets zur Verfügung, um mögliche Intrapreneure im Haus zu erkennen und entsprechend zu fördern.

Der **Nutzen** von Intrapreneurship für die Unternehmen:

- spart Kosten ein, wenn Innovationen nicht von außen zugekauft werden müssen
- entwickelt das Unternehmen durch neue Geschäftszweige, Technik oder Produkte weiter
- verbessert den Workflow
- erkennt, fördert und bindet Talente
- verbessert die Unternehmenskultur
- erzielt Wettbewerbsvorteile
- steigert Umsätze und Gewinne

Erfolgreiches Spin-off durch Intrapreneurship:[3]
Die Deutsche Bahn hat ihr Intrapreneurship-Programm früh eingeführt, hier kann hierarchieübergreifend jeder Mitarbeitende Ideen einreichen. Wer mit seiner Idee ins Programm aufgenommen wird, kann sich in Trainings weiterbilden und bis zu 100 Prozent von seiner eigentlichen Arbeit freistellen lassen. Das erste Team, das nach dem Programm ausgegründet hat, ist „weColli": eine digitale Plattform für nachhaltige Logistik auf der letzten Meile – über Lastenräder und andere E-Fahrzeuge. Heute firmiert das Team unter „Grüne Stadtlogistik". https://intrapreneurs.deutschebahn.com/

Was passieren kann, wenn Intrapreneure ausgebremst werden:
Kodak war lange Zeit ein führender Hersteller von Fotoausrüstung und Filmmaterial. In den 1970er-Jahren entwickelte der dort angestellte Ingenieur Steven Sasson die erste Digitalkamera der Welt – die von seinen Bossen als Bedrohung empfunden wurde. Sasson wurde zum Schweigen verdonnert und das Unternehmen musste 2021 Insolvenz anmelden. Hätte es dagegen Sasson mit Zeit und Budget ausgestattet, wäre es womöglich zum Vorreiter der digitalen Fotografie avanciert.

Und was hat das mit coachenden Führungskräften zu tun?

Eine unternehmerisch denkende Belegschaft bekommt man nicht per Aufforderung. Wenn Mitarbeitende jahrelang die Erfahrung gemacht haben, dass ihre Ideen weniger gelten als die von blutjungen Hipstern aus der Startup-Szene oder von „oben" einfach geklaut wurden, dann hören sie auf, über Optimierungen oder ganz neue Herangehensweisen nachzudenken.

Erst wenn wieder eine Führungskraft kommt, die ihr Interesse am Vorankommen ihrer Leute und die Neugier auf deren Gedanken glaubwürdig und authentisch zum Ausdruck bringt, erst dann werden sie sich wieder darauf einlassen und mitgestalten wollen.

Über **systemischen Fragen** lässt sich Kreativität gezielt anstoßen:

- Wenn es keinerlei Einschränkungen gäbe: Was würdest du dann erfinden? (Hypothetisch)
- Was soll ein Mensch in zehn Jahren über unser Produkt sagen? (Zirkulär)
- Wie würde Albert Einstein (oder jemand, den du als sehr innovativ empfindest) das Produkt weiterentwickeln? (Zirkulär)
- Was würde dein Produkt sagen, was es braucht, um wieder erfolgreich zu sein? (Reframing)
- Welche Auswirkungen hat es, wenn du das Produkt so oder so veränderst? (Auswirkung)
- Wie können wir unsere Produktlinie ganz sicher an die Wand fahren? (Paradox)
- Wenn wir das Produkt nur um 1 Punkt auf der Skala verbessern würden – was wäre das? (Unterschiedsbildend)

Noch führen überwiegend große Firmen ein Intrapreneurship-Programm ein. Dabei kann das Prinzip auch kleinen und mittelständischenen Unternehmen enorme Fortschritte bescheren. Immer vorausgesetzt, es wird der notwendige Rahmen dafür geschaffen: Zeit (Google gibt Intrapreneuren 1 Tag/Woche), Geld (zumindest, um benötigtes Material bestellen zu können), moderne Fehlerkultur (Scheitern ist erlaubt und wird reflektiert), Wissen (Weiterbildungen), Hilfe zur Selbsthilfe (Coaching), Zugriff auf vorhandene Ressourcen (Studien, Technik, Dienstleistungen), Ideen-Wettbewerbe oder die Auszeichnung der besten Ideen.

Viele gute Beispiele für Intrapreneurship-Lösungen hat auch Felix Plötz zusammengetragen, Unternehmer und Autor der Bibel für Teilzeitgründer „Das 4-Stunden-Startup“. Es könne doch nicht angehen, dass die ganze unternehmerische Kreativität von Angestellten überwiegend in deren Freizeit ausgelebt werde. Noch hielt er allerdings die Idee, die Natur der angestellten Arbeit beeinflussen zu können, für zu ambitioniert und idealistisch. „Heute bin ich davon überzeugt, dass es uns gelingen kann – weil es mehr Freiheit und Sinn für alle verspricht, für Angestellte genauso wie für Führungskräfte. Und weil beinahe täglich neue Beispiele dafür auftauchen, dass es sich dabei nicht nur um ein luftiges Versprechen handelt, sondern dass es auch betriebswirtschaftlich funktioniert.“[4]

Was du aus Kapitel 4 mitnehmen kannst

- **Entwickeln Menschen ihre Lösungsideen selbst, dann setzen sie diese mit deutlich mehr Engagement um als Vorschläge von oben – coachende Führungskräfte entlasten sich somit selbst.**

- **Ziele müssen benannt werden, etwa „konstruktives Teamwork“ oder „erfolgreicher Projektabschluss“. Und es ist wichtig, vom Coachee ein klares „Ja“ zum Ziel einzuholen.**

- **Dampf ablassen tut nur kurzfristig gut, danach manifestiert es das Feststecken der Beteiligten im Problem. Über systemische Fragen kann man schnell in Richtung Lösungsorientierung abbiegen.**

- **Abstrakte Begriffe werden oft ganz selbstverständlich genutzt, obwohl jeder etwas anderes darunter versteht. Diese Begriffe zu konkretisieren liefert schon erste Lösungsansätze: Was ist ein guter Teamplayer für dich?**

- Coachende Gespräche bringen Klarheit für alle Beteiligten: Was wird erwartet, gewünscht, erhofft? Systemische Fragen decken das Ziel hinter dem Ziel auf und ermöglichen so ein besseres Verständnis füreinander.
- Coachende Gespräche aktivieren Ressourcen in Coachees, sodass sie wieder mit mehr Energie, Engagement und Selbstverantwortung an ihren Job gehen.
- Coachende Gespräche wecken die Kreativität, führen zu neuen, bisher nicht beachteten Lösungsideen – und können selbst in schwierigen Situationen wieder Spaß in die Arbeit bringen.
- Coaching bringt alle Beteiligten in die Selbstreflexion. Damit werden sie wirklich zukunftsfit und das Team zur selbstlernenden Organisation.
- Das Festlegen kleiner Maßnahmen und Schritte macht die Umsetzung realistischer.

Fragen,

die du dir jetzt stellen kannst

Welcher Konflikt schwelt schon lange in deinem
Team und sollte angepackt werden?

Welche systemischen Fragen würden zur Situation und den beteiligten Personen passen?

Welches gemeinsame Ziel
strebt ihr an?

Welche Bedürfnisse könnten sich hinter dem Konflikt verbergen?

Mit welchen systemischen Fragen würdest du die Beteiligten in einen ressourcenvollen Zustand bringen?

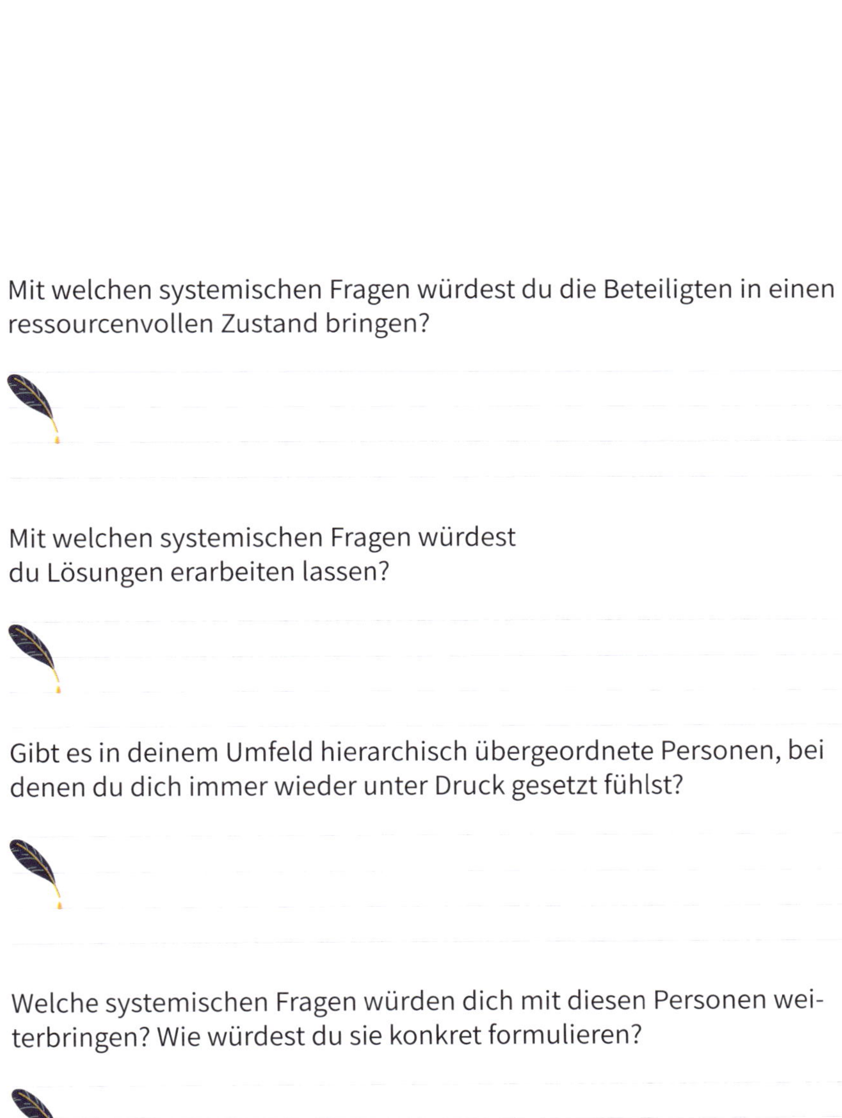

Mit welchen systemischen Fragen würdest du Lösungen erarbeiten lassen?

Gibt es in deinem Umfeld hierarchisch übergeordnete Personen, bei denen du dich immer wieder unter Druck gesetzt fühlst?

Welche systemischen Fragen würden dich mit diesen Personen weiterbringen? Wie würdest du sie konkret formulieren?

"Mitarbeitende eigene Ideen weiterentwickeln lassen, Kreativität fördern, auf Augenhöhe agieren – das hat zum einen mit Selbstentfaltung zu tun und zum anderen stiftet es für die Unternehmen einen enormen Mehrwert."

Claudia Irsfeld,
Manager People & Development, 4C GROUP AG

Kapitel 5

Feed Five schmeckt viel besser als ein Sandwich.

"Wann haben Sie Ihrem Chef zum letzten Mal ein direktes Feedback gegeben?"

Lieblingsfrage von Valarie Toda,
Personalchefin bei Netflix, an Bewerber

"Gutes Leadership gab es auch früher schon. Doch heute umfasst das mehr denn je die Fähigkeit, andere zu motivieren, als Enabler und Coach aufzutreten und seine Mitarbeitenden wertschätzend zu führen."

Prof. Dr. Claudia Eckstaller,
Studiengangleiterin BWL und Unternehmensführung,
Hochschule München

Was hältst du von Feedback?

- [ ] Bleib mir damit vom Leib!
- [ ] Naja, bringt selten was, muss aber halt sein.
- [ ] Oh super, damit kann ich richtig gut arbeiten!

Wo setzt du dein Häkchen?

Egal welche Antwort du angekreuzt hast: Mit diesem Kapitel wollen wir deinen Blick auf das Thema erweitern und zeigen, wie viel sich mit einem fragenden Feedback erreichen lässt.

Die Harvard Business School (HBS) hat 7631 Manager*innen über ihre Einstellung zum Thema Feedback befragt: 44 Prozent der Befragten fanden es schwierig, überhaupt Feedback zu geben. 21 Prozent gaben an, negative Rückmeldungen grundsätzlich zu vermeiden. Und 37 Prozent sagten, sie gäben kein positives Feedback.[1] Möglicherweise eine Folge von schlechten Erfahrungen? Oder die Sorge, dass die Motivation im Team nachlässt? Da können wir, genau wie die Studienautoren, nur mutmaßen.

Was wir aber in unserem Alltag als Führungskräfte-Coaches und -Trainerinnen erleben, ist ein kollektives Aufstöhnen beim Thema Feedback. „Da haben wir ständig Veranstaltungen dazu", „Jetzt muss ich mir schon wieder irgendein Lob aus den Fingern saugen" oder „Keine Sau wurde häufiger durchs Dorf getrieben als das Feedback".

So geht es auch Stavjo, der von seiner Führungskraft die Einladung zu einem Feedback-Gespräch erhalten hat. Er denkt sich, dass er diese Zeit sinnvoller für Arbeit direkt am Kunden nutzen könnte, denn seiner Erfahrung nach kann er aus solchen Gesprächen selten einen echten Tipp für seine berufliche und persönliche Weiterentwicklung mitnehmen. Bei seinem letzten Chef lief das nämlich so: „Ich schätze Ihre engagierte Art sehr. Manchmal wünsche ich mir jedoch ein bisschen mehr Zurückhaltung, wenn Sie mit Kunden sprechen. Aber, wie gesagt, super Engagement."

Hast du auch schon mal so ein klassisches Feedback-Sandwich serviert bekommen und dich gefragt, was genau du damit anfangen sollst? Kein Wunder, solche Feedbacks sind oft eher kontraproduktiv.

Old School: Wo das Sandwich-Feedback an seine Grenzen stößt

Das Sandwich-Feedback war jahrzehntelang Bestandteil von Führungskräfte-Ausbildungen und Kommunikations-Seminaren. Es funktioniert in etwa so:

Das Problem: Die meisten solcher Sandwich-Feedbacks sind bewertende Monologe des Feedback-Gebenden, die sich allein auf die Vergangenheit beziehen. Sie sind immer subjektiv gefärbt und führen oft zu Missverständnissen. Viele wichtige und interessante Informationen kommen dabei gar nicht auf den Tisch. Und das Lob, selbst wenn es sehr wertschätzend vorgebracht wird, motiviert nur beschränkt. Vor allem selbstbewussten Menschen kann Lob sogar unangenehm sein „wie ein verbales Kopf-Tätscheln einer ungeliebten Großtante", wie die Organisationsberaterin Ulla Domke schreibt.[2]

Laut einer Studie des Personaldienstleisters Randstad fühlen sich 21 Prozent der Befragten unwohl, wenn sie Rückmeldung von Führungskräften erhalten.[3] Wahrscheinlich, weil sie längst durchschaut haben, was ihnen da untergejubelt werden soll: Auf ein Kompliment folgt die Klatsche.

Andere wiederum nehmen die Kritik in der Mitte gar nicht wahr und hören nur das Lob außen herum. Da denken sie natürlich: Läuft doch bei mir!

Im Grunde basiert das Sandwich-Feedback ja auf der Erkenntnis, dass die alte Strategie à la „Nicht gemeckert ist genug gelobt" reihenweise zu inneren Kündigungen führt. Warum soll ich mich engagieren, wenn ich auf keinerlei positive Resonanz stoße?, haben sich immer mehr Menschen gefragt. Also hat man nach einer Methode gesucht, die positive und kritische Rückmeldung verbindet – das Sandwich-Feedback war geboren und hat erst mal eine Zeit lang gute Dienste geleistet.

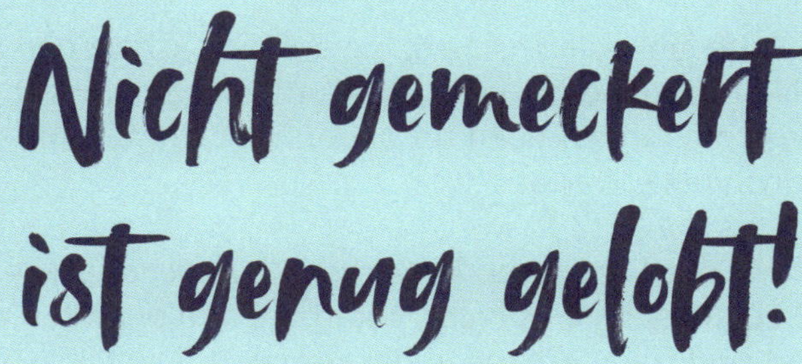

Neue Feedback-Kultur: Fragen statt Sagen – und Bestärken mit Bezugsrahmen

Du hast mittlerweile gesehen, wie systemische Fragen neue Lösungsräume eröffnen, Kreativität kultivieren und Wachstum nachhaltig fördern. Das gilt natürlich auch, wenn wir unser Feedback mit systemischen Fragen gestalten und gleichzeitig einen klaren Bezugsrahmen schaffen. Dann können wir Feedback als kraftvolles Personalentwicklungsinstrument nutzen.

Aus der Hattie-Studie lassen sich auch zum Thema Lob einige spannende Erkenntnisse ableiten.[4] Die Studie hat untersucht, wie sich Lob auf die Motivation auswirkt, unter anderem im Zusammenhang mit dem Selbstwertgefühl. Demnach reagieren Menschen mit geringem Selbstwertgefühl auf ein überschwängliches Lob eher mit Vermeidung und wählen als Nächstes oft weniger anspruchsvolle Herausforderungen. Die Studienautoren vermuten: Weniger Selbstbewusste gehen davon aus, die vorherige, so gelobte Leistung nicht wiederholen zu können. Nach dem Motto: „Hör auf, wenn es am schönsten ist."

Auch ein Lob für Selbstverständlichkeiten kann irritieren. Vor allem, wenn die Gelobten merken, dass andere für das Gleiche nicht gelobt werden. Häufig wird das Lob dann als Indikator gewertet, dass man ihnen wenig zutraut.

Auf der anderen Seite gibt es Menschen, die auf eine schwierige Aufgabe eine negative Rückmeldung erhalten – und diese dahingehend interpretieren, dass man ihnen eben besonders viel zutraut und entsprechend viel von ihnen erwartet.

Was nun? Sollen wir das Loben und Bestärken beim Feedbackgeben lieber streichen? So einfach ist es nicht. Mitarbeitende erwarten eine Rückmeldung und sind frustriert, wenn die komplett ausbleibt. Doch beim Loben verlässt die Führungskraft die Augenhöhe. Da gibt es bessere Methoden.

Wie können Führungskräfte die Kraft des konstruktiven und wertschätzenden Feedbacks also bestmöglich für sich und ihr Team nutzen? Hier sagt die Hattie-Studie: „Gelobt werden sollte vor allem dann, wenn jemand seine Leistungen verbessert hat." Dafür braucht man allerdings die Möglichkeit, Leistungen zu vergleichen. Und die schaffen wir uns mit einem Bezugsrahmen.

Welche Bezugsrahmen gibt es?

- **Sachliche Standards,** die für alle gleichermaßen zu erreichen sind: Diesen Bezugsrahmen kennen wir von Prüfungen. Er ist aber nur bedingt geeignet, wenn man unterschiedliche Stärken im Team fördern will.

- **Soziale Standards,** der Vergleich mit anderen: Funktioniert nur bei Menschen mit hoher Wettkampfmotivation. Wer im Vergleich weiter hinten liegt, wird eher demotiviert.

- **Individuelle Standards,** also der Vergleich mit den bisher individuell erzielten Leistungen: Motiviert die meisten Menschen enorm, benötigt aber von der Führungskraft mehr Zeit und Aufmerksamkeit.

In der Realität haben alle drei Bezugsrahmen ihre Berechtigung, je nach Situation. In vielen Vertriebsjobs funktioniert der Wettbewerb untereinander (soziale Standards) bestens – wer sich hier bewirbt, hat Spaß am Vergleich mit anderen und weiß von vornherein, worauf er sich einlässt. Auch Vorgaben in Form von Zahlen als Zielvorgabe müssen in vielen Berufen sein, um Orientierung zu bieten (sachliche Standards).

Wenn wir jedoch eine echte Weiterentwicklung unserer Mitarbeitenden ermöglichen wollen, die sie selbst zu kreativen Lösungsideen führt, dann kommen wir mit der individuellen Variante am weitesten.

Denkst du gerade: „Bei uns geht das aber nicht …“? Dann mach selbst den ersten Schritt und beginne damit, die Feedback-Kultur in deiner Abteilung, in deinem Team Schritt für Schritt umzugestalten. Es braucht ein bisschen Zeit und Geduld und natürlich das positive Vorbild, mit dem du zeigst, dass du von einer offenen, modernen und transparenten Form der Feedback-Kultur überzeugt bist und diese auch mit deinen Mitarbeitenden leben willst.

Case Study 6: „Aber wenn es der Kunde doch will?" Selbstwirksamkeit, Motivation und Reflexionsvermögen durch Feedback fördern

Wie kann das aussehen? Stavjo hatte wider Erwarten ein exzellentes Gespräch mit seinem Chef, weil dieser bereits eine neue Feedback-Kultur nutzt. Die will Stavjo ab sofort auch in seinem Team als Personalentwicklungsinstrument einsetzen und mit gutem Vorbild vorangehen.

Ein Team mit 40 Mitgliedern ist eine Herausforderung. Umso wichtiger, dass sich Stavjo auf seine Sub-Teamleitungen verlassen kann. Marie ist seine Vertreterin beim Kunden und Garantin für reibungslose Abläufe. Die komplexen Aufgabenpakete und Projektstände hat sie jederzeit im Blick, dazu immer ein freundliches Wort auf den Lippen und am wichtigsten: Der Kunde ist begeistert von ihr. Für jeden seiner Wünsche findet sie schnell eine passende Lösung.

Genau hier sieht Stavjo ein Problem. Einerseits beobachtet er, dass Marie seit einiger Zeit den Leistungsumfang immer weiter aufstockt. Und zwar mit Aktionen, die im ausgehandelten Budget eigentlich nicht enthalten sind. Hier mal ein Reporting mehr, da eine weitere Korrekturschleife, dort eine zusätzliche Recherche … Stavjo würde ihr gerne zeigen, welches Potenzial er hier für zusätzliche Einnahmen sieht. Auf der anderen Seite nimmt er eine leichte Erschöpfung bei ihr wahr. Im Bestreben, den Kunden in jeder Hinsicht zufriedenzustellen, ist sie durchgehend zur Stelle. Bei ihrem nächsten Feedback-Gespräch möchte er herausfinden, ob sie möglicherweise zu stark an ihre Grenzen geht.

Nach kurzem Einstiegs-Smalltalk über die bevorstehenden Sommerferien will Marie ihre Zahlen seit dem letzten Gespräch zeigen. Statt einen Blick darauf zu werfen, nimmt Stavjo seine Kaffeetasse zur Hand und lehnt sich zurück. „Ich weiß, dass deine Zahlen stimmen, du hältst mich ja vorbildlich auf dem Laufenden. Ich würde deshalb gerne mal einen anderen Blick auf unsere Arbeit werfen. Hast du Lust?“

Damit hat Marie nicht gerechnet, sie hat sich auf die bisher übliche Gesprächsform vorbereitet, spontane Programmänderungen schätzt sie weniger. „Was möchtest du denn wissen?“

„Was ist dein Ziel bei diesem Kunden hier? Was möchtest du erreichen?“

Marie sieht ihn misstrauisch an. „Ist das eine Fangfrage?“

Stavjo lacht. „Nein, ganz im Ernst: Was ist dir wichtig? Was soll der Kunde nach Projektabschluss sagen?“

„Na, dass es toll gelaufen ist. Dass er mit dem neuen Angebot ganz vorne mitspielt und deutlich effizienter ist als vorher. Dass er rundum zufrieden ist und uns weiterempfiehlt.“

Stavjo notiert ihre Antworten auf Moderationskarten. „Wie weit bist du da bis jetzt gekommen auf einer Skala von 0 bis 10? Wenn die 0 für den Projektanfang steht und die 10 für genau diesen tollen Abschluss."

„Ich würde sagen, wir sind schon auf der 7. Auf jeden Fall in der zweiten Halbzeit."

„Und wie ist es bisher gelaufen?"

„Gut! Wir haben jede Deadline gehalten, die Reviews mit dem Kunden sind sehr positiv und das Team macht wirklich mega engagiert mit. Also nichts zu meckern."

„Was gab es denn schon für Rückmeldungen vom Kunden?"

„Rundweg gute! Die sind ja selten euphorisch, aber sie haben jetzt schon zweimal gesagt, dass sie unsere Flexibilität sehr schätzen. Und dass wir ihre Extrawünsche auch immer noch irgendwie unterbringen."

„Gibt es irgendetwas, das noch idealer laufen könnte? Was würdest du dir da wünschen?"

Jetzt taut Marie ein wenig auf. „Mehr Zeit, wie immer. Diese Sonderwünsche sind schon ganz schön aufwendig und damit stressig für uns."

„Hättest du eine Idee, wie du diese Sonderwünsche entstressen könntest?"

Maries Blick wandert nachdenklich zu ihrer Excel-Tabelle mit den Projektzahlen. „Schwierig. Dafür bräuchten wir entweder mehr Personal oder mehr Zeit. Beides würde die Sache für den Kunden natürlich verteuern."

„Wenn Geld jetzt keine Rolle spielen würde: Wie würdest du das am liebsten lösen?"

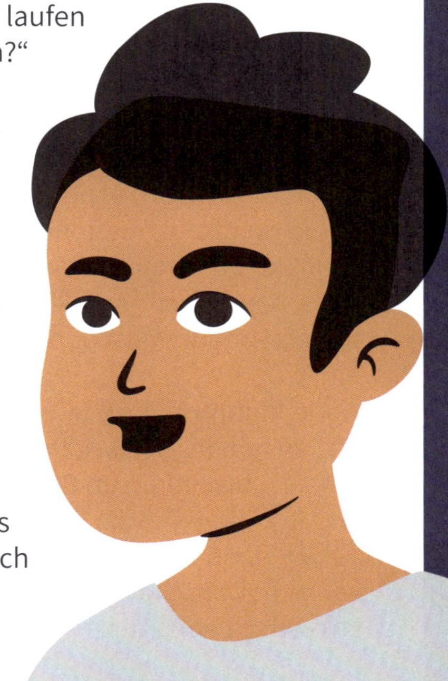

Ein Lächeln schleicht sich in Maries Gesicht. „Ich würde mir für die letzten Monate noch eine Kollegin dazuholen, die explizit für die zusätzlichen Schleifen und Reportings zuständig wäre. Dann könnten wir zuverlässiger verhindern, dass nach dem Start zu viele Mängel auftauchen. Und wir könnten den Termin auf jeden Fall halten!“ Das Lächeln erlischt wieder. „Aber wenn wir das auf eigene Kosten machen, dann schrumpft unsere Gewinnmarge. Und wenn wir's dem Kunden draufschlagen, wird es für ihn teurer.“

„Nehmen wir an, du machst so weiter wie bisher: Was könnte dann schlimmstenfalls passieren?“

„Ach … wir würden immer weiter versuchen, alles noch oben draufzupacken. Vor allem ich, denn ich will die anderen nicht überstrapazieren. Aber ich merke: So rufen wir nicht unsere Bestleistungen ab. Es könnte zu Konzentrationsfehlern kommen, aus Überlastung. Aber das sind wir im Consulting ja irgendwie gewohnt.“ Maries Ton wird bitter.

„Gewohnt oder nicht: Was müsstest du denn machen, um das Projekt ganz sicher an die Wand zu fahren?“

„Puh, willst du das wirklich hören?“ Stavjo nickt, also fährt sie fort. „Wir müssten zu allen Wünschen und Forderungen vom Kunden Ja und Amen sagen, so absurd wir sie auch finden. Dann müssen wir jeden Tag bis ultimo im Büro bleiben und gar nichts Privates mehr unternehmen, um so richtig Aggressionen gegen den Kunden zu kriegen. Wir könnten ihn dann anschnauzen, wenn er am nächsten Morgen anruft. Oder wir schreiben uns alle krank und hinterlassen ihm eine 22-seitige Liste mit seinen Sonderwünschen, mit der er nun sonst was machen kann …“

Marie kommt richtig in Fahrt und Stavjo lässt sie sich nach Herzenslust austoben. Dazu notiert er Stichpunkte wie „Ja zu absurden Wünschen“, „bis ultimo im Büro“, „Liste mit Sonderwünschen“.

„Okay, dann wissen wir das.“ Er zwinkert ihr zu. „Wenn du die Karten noch mal anschaust. Wo könnte denn eine Lösungsoption für dein Stressproblem drinstecken?“

„Diese 22-seitige Liste finde ich gut. So lang würde sie natürlich nicht werden, aber selbst wenn es nur fünf Seiten wären. Wahrscheinlich müssten wir ihm das einfach mal vor Augen führen, was im Lauf der Woche so zusammenkommt.“

„Wenn ihm das bewusst wird: Was könnte das im besten Fall für Auswirkungen haben?"

„Wir müssten dazu sagen, dass wir das in Zukunft einfach nicht in diesem Umfang zusätzlich leisten können. Vielleicht wäre er sogar bereit, dafür zu zahlen."

Stavjo schreibt das auf. „Was hätte das für Auswirkungen auf die restliche Laufzeit des Projekts?"

„Dann hätten wir das Geld für die zusätzliche Kollegin. Ich wüsste sogar eine, die super passt. Außerdem hätten wir dann auch mal wieder so was wie ein Privatleben!"

„Was könntest du als Nächstes konkret unternehmen, um diese Idee in die Tat umzusetzen?"

Schon lange hat sich Marie nicht mehr so lebendig gefühlt. „Ich müsste diese Liste tatsächlich schreiben. Das ist eigentlich gar kein großer Akt, die lässt sich aus den Protokollen ableiten."

„Was könntest du noch machen, um deiner 10 näher zu kommen, sodass es dir auch gut dabei geht?"

„Einen Gesprächstermin mit dem Kunden vereinbaren."

„Wie kann ich dich dabei unterstützen?"

„Würdest du vielleicht das Gespräch mit mir mal durchspielen? Wenn meine Argumentation steht? Du hast ja viel mehr Übung in so was."

„Sehr gerne. Bis wann willst du das Gespräch führen?"

„Nächste Woche. Ich muss den Schwung nutzen, den ich jetzt gerade habe."

„Perfekt, dann halten wir das fest. Und sind auch schon am Ende unserer Zeit für heute. Magst du mir vielleicht noch rückmelden, was für dich heute besonders hilfreich war? Oder auch, was du dir noch wünschen würdest?"

Feed Five

Entwicklung gezielt unterstützen

Feed Five:

Die fünf Phasen des fragenden Feedbacks

Anhand dieser fünf Phasen kannst du dich als Führungskraft optimal auf dein nächstes Mitarbeiter-Feedback-Gespräch vorbereiten. Das Vorgehen nach Feed Five nutzt systemische Fragen und integriert dazu noch die wichtigsten Schlussfolgerungen aus der Hattie Studie:

1. Feed-Up

Ziel: Individuellen Bezugsrahmen bestimmen, Status quo erfassen
Fragen, die dich in dieser Phase weiterbringen:

- Wo willst du hin? Was ist dein Ziel?
- Wie weit bist du bisher gekommen?
- Auf einer Skala von 1 – 10? **(Skalen Frage)**

2. Feed-Back

Ziel: Den bisherigen Weg zum Leistungsziel beleuchten
Fragen, die dich in dieser Phase weiterbringen:

- Wie kommst du voran? Was hast du geschafft? **(Driver‘s Question)**
- Was ist dir aufgefallen?
- Was ist dir gut gelungen?
- Wie wäre es noch idealer?
- Was gab es für Rückmeldungen vom Kunden?
- Was würde ein Außerirdischer sagen, der dich beobachtet hat? **(Zirkuläre Frage)**

3. Feed-Ideas

Ziel: Neue Lösungsideen entwickeln, die man bisher nicht auf dem Schirm hatte.
Fragen, die dich in dieser Phase weiterbringen:

- Welche Lösungsoptionen hast du?
- Wie würde X, Y oder Z das lösen? **(Zirkuläre Frage)**
- Wenn es keinerlei Einschränkungen gäbe: Was würdest du dann am liebsten machen? **(Hypothetische Frage)**
- Welche Auswirkungen hätte es im besten Fall für dich? Und für den Kunden? **(Auswirkungsfrage)**
- Was passiert, wenn du weiter machst wie bisher/nichts änderst? **(Auswirkungsfrage)**
- Wie könntest du das ganze Projekt an die Wand fahren? **(Paradoxe Frage – bringt oft Humor ins Thema)**

4. Feed-Forward

Ziel: Vorgehen ableiten, konkrete Schritte planen
Fragen, die dich in dieser Phase weiterbringen:

- Wie gehst du jetzt weiter vor, um deiner 10 näher zu kommen?
- Was könntest du rein theoretisch tun? **(Hypothetische Frage)**
- Was davon willst du nun konkret umsetzen?

5. Feed-Me

Ziel: Sinnvolles Unterstützungsangebot erfragen
Fragen, die dich in dieser Phase weiterbringen:

- Wie kann ich dich dabei unterstützen?
- Was war für dich heute in diesem Gespräch besonders hilfreich?
- Was hätte ich dich heute noch fragen können, was diesen Prozess für dich noch hilfreicher gemacht hätte?

"Das Thema Führen hat für mich drei Dimensionen: Die meisten denken nur daran, andere zu führen. Wir werden aber auch alle selbst geführt. Und dann gibt es noch die Disziplin der Selbstführung – wenn ich gut und liebevoll mit mir selbst umgehe, werde ich auch mit anderen gut umgehen können."

Matthias Gemeinhardt,
Agile Coach/Agile Master, BMW AG

Was du aus Kapitel 5 mitnehmen kannst

- Überschwängliches Lob und Sandwich-Feedback können kontraproduktiv sein.
- Lob und Bestärkung funktionieren vor allem dann motivierend, wenn sie sich auf Leistungsverbesserungen innerhalb eines Bezugsrahmens beziehen.
- Das Feed-Five-Prinzip vereint das systemische Vorgehen mit dem fragenbasierten Ansatz.
- Feed Five lässt sich hervorragend im Mitarbeitergespräch einsetzen und wird so zum optimalen Personalentwicklungsinstrument.
- Führungskräfte nehmen aus solchen Mitarbeitergesprächen für sich am meisten mit, wenn sie zum Abschluss selbst um Feedback bitten: Was war heute besonders hilfreich für dich?

die du dir jetzt stellen kannst

Was war das schlimmste Feedback, das du je bekommen hast?

Welche Auswirkungen hatte das bei dir?

Was war das hilfreichste Feedback,
das du je bekommen hast?

Welche Auswirkungen hatte
das bei dir?

Mit wem wirst du als Nächstes ein Mitarbeitergespräch führen (inklusive Feedback)?

Um welche Themen und Ziele wird es dabei gehen?

Welche Entwicklungsfelder siehst du für deine Mitarbeitenden?

Welche systemischen Fragen könntest du hier einsetzen?

Was für ein Feedback möchtest du am Ende eines Mitarbeitenden-Gesprächs selbst erhalten?

Von welchen deiner Kolleg*innen/Mitarbeitenden möchtest du ein Feedback haben? Wie?

Fazit:
Wie willst du Feed-Five-Gespräche in deinen Führungskräfte-Alltag integrieren?

Kapitel 6

Der Weg zu einem Team von intrinsisch motivierten Selbstentwicklern.

"Niemand ist perfekt, aber ein Team kann es sein."

Meredith Belbin,
englischer Forscher und Unternehmensberater

"Die Auswirkungsfrage kann von Führungskräften gar nicht oft genug im Team gespielt werden. Sie trainiert das Systemische Denken und zeigt uns, welche Verantwortung wir für unsere Entscheidungen tragen. Jeder Einzelne kann seinem Umfeld schaden und nützen."

Manuela Dollinger,
Gründerin der Competence on Top GmbH

Erfolgsfaktor Teamwork

Die Stimmung im Team entscheidet darüber, ob wir uns an unserem Arbeitsplatz wohlfühlen oder ob wir unter unserem Potenzial agieren. Sind wir zufrieden mit dem Umgang und dem Spirit im Team, dann nehmen wir eher überforderte Führungskräfte, intransparente Entscheidungen oder suboptimale Prozesse in Kauf. Passt die Form des Miteinanders zu unseren Werten und Wünschen, dann fühlt es sich ein bisschen nach Freundeskreis an, nach Frolleg*innen (Mischwort aus Freund und Kollege), nach emotionalem Zuhause.

Für dich als Führungskraft ist die Sogwirkung wichtig: Herrscht ein guter Teamgeist, dann bekommst du viele Ideen, Warnungen und Unterstützung aus deinem Team heraus. Das spricht sich herum, andere wollen auch in deine Abteilung kommen und du giltst als gute(r) Chef*in. Andersrum läuft es allerdings genauso: Ist die Stimmung vergiftet, werden wichtige Infos nicht kommuniziert, der Einsatz wird an manchen Stellen zurückgefahren. So wird es auch für dich schwieriger, neue Mitarbeitende aus dem Unternehmen zu gewinnen und du wirst dir vielleicht öfter anhören müssen, dass deine Führungsqualitäten noch Luft nach oben haben.

In den vorhergehenden Kapiteln haben wir überwiegend 1:1 Situationen geschildert und gezeigt, wie du einzelne Menschen stärker einbinden und inspirieren kannst, sodass sie Stück für Stück mehr Verantwortung übernehmen wollen. Auch das schafft viel Gutes für die Stimmung im Team. Ebenso kannst du aber auch auf Teamebene arbeiten. Deshalb zeigen wir in diesem Kapitel, wie du den Teamgeist stärken und deine Leute zum Aussprechen von Ideen und Problemen vor allen ermutigen sowie das Miteinander fördern kannst. Über systemische Fragen, versteht sich.

Open Offices und Leitbilder über kooperative Zusammenarbeit sorgen nicht automatisch für ein tolles Teamgefühl, fand Francesca Gino heraus, die an der Harvard Business School zu nachhaltiger und effizienter Zusammenarbeit forscht. Ihre Erkenntnis : Ein gutes Teamklima ist geprägt von echter Anerkennung für die Verdienste von Kollegen, Offenheit gegenüber den Ideen anderer und einem Sinn dafür, welche Auswirkungen das eigene Verhalten hat.[1]

Auf der Suche nach guten Beispielen für ein solches Klima fand Gino heraus: Es läuft immer dann rund, wenn Unternehmen ihre Führungskräfte und Mitarbeiter*innen in folgenden Techniken schulen:

1. Zuhören und fragen
2. Empathie lernen
3. Feedback fördern
4. Sich selbst reflektieren
5. Offen kommunizieren
6. Win-win-Situationen schaffen

Die sechs Kompetenzen bauen natürlich aufeinander auf und ergänzen sich. Über das Zuhören und Fragen, die Themen Feedback und Selbstreflexion sowie das Fördern von lösungsorientierten Ideen hast du bereits viel auf den vorhergehenden Seiten gelesen. Jetzt nehmen wir uns noch die Vorteile von Empathie und offener Kommunikation vor.

Je mehr du mit diesen Techniken arbeitest, desto dynamischer wird die Veränderung in deinem Team vonstattengehen. Beziehungen werden konstruktiver, gegenseitige Wertschätzung und Respekt nehmen zu und lösen mehr Begeisterung und Einsatzbereitschaft aus. Die neue Offenheit motiviert zu mehr Austausch, einem verstärkten Lernen voneinander und der aktiven Suche nach neuen Kooperationsgelegenheiten.

Empathie oder Mitgefühl? Wie wir andere besser verstehen

"Empathie ist der Schlüssel zu allem."

Satya Nadella,
CEO Microsoft

Jeder hat Empathie, also die Fähigkeit, sich in die Einstellungen anderer Menschen einzufühlen. Der eine hat mehr davon, der andere weniger. Wer sich leichter in die Lage von anderen hineinversetzen kann, versteht auch eher deren Motivation – und ist so in der Lage, sie dort abzuholen, wo sie sich gerade befinden. Das bringt gerade in der Kommunikation viele Vorteile mit sich. Denn wenn du die Beweggründe deiner Mitmenschen nachvollziehen kannst, dann eröffnen sich dir ganz neue Reaktionsmöglichkeiten.

Einen deutlichen Schub hat das Thema Empathie mit Satya Nadella bekommen, der seit 2014 CEO von Microsoft ist und mit seinem Satz „Empathie ist der Schlüssel zu allem" eine neue Ära eingeläutet hat. Immer wieder gewährt er selbst ganz persönliche Einblicke in sein eigenes Erleben, etwa wie ihn die Behinderung seines Sohnes geprägt hat. Seine erklärte Mission ist es, Empathie ins Unternehmen zu tragen und sowohl Mitarbeitenden als auch Kund*innen mit dieser Haltung zu begegnen.

Dass er damit etwas bewirkt, bestätigt seine Personalchefin in Deutschland, Claudia Hartwich. „Menschen wollen oft zu Microsoft, weil sie gehört haben, wie glaubwürdig Satya über das Unternehmen spricht. Damit ist er natürlich nicht alleine, aber er ist ein Role Model, das inspiriert und ansteckt", sagt Hartwich in dem Führungspodcast „Team A".[2]

Wir freuen uns sehr, dass Big Player wie Microsoft das Thema aufgreifen und entsprechende Maßstäbe setzen. Nur so kann es sich verbreiten und Schritt für Schritt Eingang in die Arbeitswelt finden. Allerdings plädieren wir noch mehr für Mitgefühl anstelle von Empathie, weil es aktivierender wirkt.

Denn Empathie im Sinne von „sich in jemanden hineinfühlen“ ist äußerst anstrengend, schreibt Rutger Bregman in seinem Bestseller „Im Grunde gut“.[3] Neurologische Experimente haben ergeben, dass zum Beispiel eine Viertelstunde tägliches konzentriertes Empathieempfinden nach einer Woche zu einer trübsinnigeren Sicht auf die Welt führt. Eine Studienteilnehmerin berichtete, sie würde nur noch das Schlechte sehen.

Anders wirkt es, wenn sich die Versuchspersonen nicht komplett einfühlen, sondern Emotionen wie Wärme und Sorge für die betreffenden Menschen aufrufen und gleichzeitig in der Distanz bleiben, also von außen auf die Situation schauen. Psychologen nennen diese Einstellung „Mitgefühl“ – und fanden heraus, dass dieses Mitgefühl keine Energie kostet, im Gegensatz zu Empathie.

Mitgefühl sei konstruktiver, schreibt Bregman. Es führe nicht dazu, das Leiden eines anderen zu teilen, sondern es zu erkennen und anschließend aktiv zu werden. Und das verleiht sogar Energie!

Warum wir das hier aufgreifen? Weil Mitgefühl genau das ist, was wir brauchen, um andere optimal zu unterstützen.

"Verbessere die Welt, stelle eine Frage."

Rutger Bregman,
niederländischer Autor, Aktivist und Historiker

Case Study 7: „Mehr ist leider nicht drin."
Team zu Selbstverantwortung motivieren

Nikas Laune ist im Keller. Voller Elan hatte sie im letzten Team-Meeting das Projekt Intrapreneurship vorgestellt und entsprechende Aufgaben ans Team verteilt. Stärkengerecht, versteht sich. Ihr Eindruck war: Auch wenn sie keine Begeisterung ausgelöst hatte – das Projekt bedeutet schließlich wieder mehr Aufwand –, war das Team doch eingenordet und längst an der Arbeit.

Heute Morgen war Deadline für eine erste Konzept-Idee und sie hatte voller Vorfreude ihr Postfach geöffnet. Doch sie findet nur zwei lose beschriebene Seiten vor, gefüllt mit zusammengeschusterten Bruchstücken aus vorherigen Projekten und Google-Einträgen zum Thema. Sie merkt: Auf Basis dieser Grundlage wird sie kein Konzept für Heiner entwickeln können.

Im ersten Augenblick ist sie sauer. Sie hatte doch klar kommuniziert, was sie braucht und was zu tun ist. Keiner im Team hat irgendwelche Einwände vorgebracht oder zu einem späteren Zeitpunkt eine Rückfrage gestellt. Das ist doch wieder typisch, denkt sie.

Im selben Moment wird ihr bewusst, dass dieser Gedanke ein vertrauter ist. Sie kennt solche Situationen: Ihr entgeht, dass die anderen nicht in dem Maße begeistert sind wie sie selbst. Bislang hat Nika immer in den sauren Apfel gebissen und sich selbst an die Arbeit gesetzt. Diesmal möchte sie anders vorgehen.

Nika lädt das Team noch für denselben Tag zu einem außerplanmäßigen Meeting ein.

„Erst mal danke, dass ihr es alle so kurzfristig einrichten konntet. Ich weiß, dass uns allen die Zeit unter den Nägeln brennt und deshalb will ich diese Stunde mit euch konstruktiv nutzen. Der Punkt ist: Ich habe übermorgen das Meeting mit Heiner, um unseren ersten Entwurf eines Intrapreneurship-Konzepts vorzustellen. Beim Lesen eurer Vorschläge hatte ich den Eindruck, dass wir da aneinander vorbeigeredet haben. Helft mir bitte zu verstehen, wo es gerade hängt und wie wir die Kuh vom Eis holen können."

Sie blickt in mürrische Gesichter, einer verdreht die Augen und sagt: „Weißt du, wir geben hier echt unser Bestes, und für mehr reicht unsere Zeit gerade einfach nicht."

„Danke, dass du das so offen aussprichst. Genau deswegen sitzen wir jetzt zusammen, um zu sehen, wie wir das lösen können. Ich würde gerne mit euch eine recht kurze, knackige Kreativmethode ausprobieren, die uns weiterhelfen kann. Einverstanden?" Sie holt sich ein Nicken ab und verteilt Moderationskarten und Stifte an die Runde.

„Lasst uns zunächst sammeln, worin die Chancen für uns als Team liegen könnten, dieses Projekt hier im Haus gut ins Laufen zu bringen. Was könnte im besten Fall passieren, wenn wir das gut machen und zur Keimzelle unternehmerischen Denkens hier im Haus werden?"

Sie selbst beginnt damit, Karten zu beschriften: „positive Wahrnehmung unseres Teams", „wir zeigen unsere Innovations-Stärke", „die Firma wird erfolgreicher, unsere Jobs sicherer", „am Ende wird ein erfolgreiches Spin-off daraus" …

Nach und nach fangen auch die anderen an zu schreiben, allerdings deutlich zurückhaltender.

„Okay", sagt Nika deshalb bald. „Jetzt lasst uns festhalten, welche Risiken es birgt, wenn wir das machen. Was kann im schlechtesten Fall passieren? Oder was spricht dagegen, dass wir uns hier engagieren?"

Wieder geht sie selbst voran und schreibt auf: „weitere Überstunden" … Diese Aufgabe fällt ihr selbst schwerer. Sie merkt aber, dass die anderen dafür richtig ins Schreiben kommen. Noch kann sie die Antworten nicht erkennen und ein bisschen mau wird ihr auch. Was, wenn die jetzt alles in Grund und Boden reden? Wird sie da wieder rauskommen? Sie atmet tief ein und beschließt, auf den Prozess, ihr Improvisationstalent und ihre Coaching-Kenntnisse zu vertrauen. Als die ersten schon länger überlegen müssen, was sie noch schreiben könnten, deckt sie ihre eigenen Karten auf.

„Wir können die Chancen hier auf die linke Seite des Tisches legen und die Risiken auf die rechte, damit wir einen Überblick bekommen." Gesagt, getan. Alle stehen auf und verteilen ihre Karten, blicken dann mit etwas Abstand darauf.

Immerhin sind bei den Chancen doch noch ein paar andere Punkte aus dem Team zusammengekommen: „unternehmerische Expertise aufbauen", „Neues lernen", „Netzwerk im Unternehmen ausbauen", „andere Abteilungen kennenlernen", „Portfolio erweitern".

Auf der anderen Seite, bei den Risiken, liegen allerdings mehr Karten: „viel Lärm um nichts", „haben wir vor 8, 5 + 2 Jahren schon gemacht (hieß nur anders)", „Tagesjobs bleiben dafür liegen", „noch was Neues!", „landet nur in der Schublade", „Ideenklau", „Häme", „nicht kreativ genug", „Nummer zu groß", „Business-Know-how fehlt", „Zusatzarbeit für lau" …

Nika will es sich nicht anmerken lassen, aber sie ist betroffen. Wir sind doch die Prototyper, denkt sie, bei uns soll entwickelt, gebastelt und innoviert werden. Wo kommt denn dieser Pessimismus her? Aber auch irgendwie gut, dass das jetzt mal auf dem Tisch liegt.

„Was denkt ihr, wenn ihr unsere Sammlung seht?“

Die Gesichter sind lang. Dann sagt Markus: „Schon irgendwie schade, dass wir solche Bedenkenträger geworden sind.“

Liane meint: „Immer noch mehr Aufgaben on top stemmen, das schaffen wir einfach nicht.“

Die anderen nicken zustimmend. Ob sie schon hinter ihrem Rücken darüber gesprochen haben, fragt sich Nika in diesem Moment. Wahrscheinlich. Sie spricht ja auch mit ihren Kolleg*innen über Heiner und seine spontanen Ideen.

„Wenn es uns gelingt, die Rahmenbedingungen zu verändern: Habt ihr denn überhaupt Lust auf dieses Projekt?“

Einer nach dem anderen nickt, etwas zögerlich, aber immerhin.

„Auf einer Skala von 0 bis 10: Wie viel Lust habt ihr darauf, Intrapreneurship bei uns einzuführen?“ Nika verteilt Klebepunkte und zeichnet dann eine Skala auf ein Flipchart. „Seid ganz ehrlich, damit wir auch wirklich ein echtes Stimmungsbild bekommen.“

Das Ergebnis fällt sehr unterschiedlich aus, Markus sieht sich bei der 8, Liane bei der 3, der Rest liegt dazwischen.

Nika ist überrascht. „Wenn ihr noch mal auf eure Antworten von vorhin und auf diese Skala schaut: Zu welchen Lösungen inspiriert euch das?“

„Markus sollte das Projekt federführend übernehmen und wir ihm dafür etwas abnehmen“, sagt Liane sofort.

„Was könnte das sein?“, hakt Nika nach.

„Die Materialbestellung für die Workshops nächste Woche“, kommt es von Markus wie aus der Pistole geschossen.

Schweigen.

„Wer von euch würde das übernehmen, wenn er dafür beim Intrapreneurship-Konzept erst mal nicht mitmacht?“ Liane und ein Kollege melden sich.

„Aber ich kann das Projekt auf keinen Fall alleine stemmen!“ Markus ist alarmiert.

„Wer möchte Markus unterstützen?“

Zwei weitere Kolleg*innen sind bereit dazu.

Nika wirft einen Blick auf die Uhr. „Die Stunde ist ja noch nicht rum, wollen wir vielleicht zusammen noch mal brainstormen? Dann habt ihr eine noch breitere Basis.“

Die nächsten 15 Minuten werden Ideen gesammelt und auf Moderationskarten visualisiert. Manche Einfälle sind ganz bodenständig, andere verrückt, manche einfach, andere äußerst komplex. Auf jeden Fall gibt es jetzt einen Grundstock und die Stimmung ist deutlich besser. In den letzten Minuten will Nika deshalb die Gunst der Stunde nutzen.

„Danke, dass ihr euch noch mal so offen und aktiv an dem Thema beteiligt habt. Wie können wir denn in Zukunft sicherstellen, dass wir gleich von Anfang an so ins Gespräch kommen? Was kann ich konkret dazu beitragen? Wir sind jetzt so im Kartenschreiben drin: Schreibt doch dazu auch noch mal zwei bis drei.“

Das Team gibt ihr wertvolle Hinweise. Ihre Leute wünschen sich mehr Raum, auch Einwände oder einfach nur ihre Meinung äußern zu können, noch bevor die Aufgaben verteilt werden. Manche sind deutlich länger im Unternehmen und denken, Nika könne durchaus von deren Erfahrungen profitieren. Das Team einigt sich darauf, eine regelmäßige Reflexionsrunde einzuführen, in der strukturiert Feedback, Meinungen, Ideen und Bedenken ausgetauscht werden.

Nika wurde im Laufe dieses einstündigen Meetings bewusst, dass ihre bisher sehr klar formulierten Anweisungen keinen Raum für das Entstehen selbstverantwortlicher Lösungen lassen. Will sie mehr Engagement, Meinung und Input von ihrem Team, dann muss sie auch den Rahmen dafür öffnen.

Auch diese Erkenntnis hat sie mithilfe von systemischen Fragen gewonnen und mit dem ausführlichen Visualisieren der Beiträge aller Teammitglieder auf Moderationskarten. So ist jeder beteiligt und die Doppelt- und Mehrfach-Nennungen machen deutlich, was von vielen oder eben nur von Einzelnen wahrgenommen wird.

Außerdem hat Nika gleich von Beginn an für eine positive Stimmung gesorgt, indem sie

- sich fürs Kommen bedankt und signalisiert, dass sie weiß, wie gut beschäftigt alle sind,
- keine Vorwürfe macht, sondern sagt „ich hatte den Eindruck, dass wir aneinander vorbeigeredet haben",
- um Hilfe bittet, damit sie verstehen kann,
- den Wunsch äußert, gemeinsam die Kuh vom Eis zu holen und
- sich auf Augenhöhe begibt, indem sie selbst auch Moderationskarten schreibt.

Dann hat Nika mit diesen systemischen Fragen gearbeitet:

Auswirkungsfrage:
Was könnte im besten Fall passieren, wenn wir das gut machen?“
„Was könnte im schlechtesten Fall passieren, wenn wir uns hier engagieren?“

Unterschiedsbildende Frage :
„Auf einer Skala von 0 bis 10: Wie viel Lust habt ihr überhaupt darauf, Intrapreneurship bei uns einzuführen?“

Außerdem hat sie jede Menge offene und vertiefende Fragen eingesetzt:
„Was denkt ihr, wenn ihr unsere Sammlung seht?“
„Wenn ihr noch mal draufschaut: Zu welchen Lösungen inspirieren euch die Antworten?“
„Was könnten wir (rein theoretisch) machen?“
„Wer könnte das stattdessen übernehmen?“
„Was könnte ich noch tun, um euch zu unterstützen?“

Den Transfer sichert Nika, indem sie früh freiwillig Verantwortlichkeiten übernehmen lässt (Markus macht’s und zwei Kolleg*innen unterstützen ihn).

Schließlich bittet sie noch um Ideen, wie es künftig besser laufen könnte: „Wie können wir denn in Zukunft sicherstellen, dass wir gleich von Anfang an so ins Gespräch kommen? Was kann ich konkret dazu beitragen?“

Da die Ideen dafür aus dem Team selbst kommen, stehen die Chancen auch entsprechend gut, dass sich tatsächlich etwas ändert.

Den Boden bereiten, um verborgene Ideen und verschwiegene Probleme ans Licht zu holen

In deinem Team wird viel geredet und diskutiert? Wunderbar! Aber bist du sicher, dass deine Mitarbeitenden auch alle ihre Ideen aussprechen oder konkrete Probleme benennen, die sie beobachten oder kommen sehen? Die Frage ist durchaus berechtigt, wie zwei Professoren für Organisationsverhalten herausgefunden haben. Michael Parke von der London Business School und Elad N. Sherf von der Kenan-Flagler Business School in Chapel Hill, North Carolina, haben in verschiedenen Studien gezeigt: Mitarbeitende liefern oft Ideen, um dem Team zu helfen, verschweigen aber gleichzeitig Zweifel. Oder sie äußern Zweifel, nicht aber eigene Ideen.[4]

Geschwiegen wird in beiden Fällen aus Angst vor negativen Konsequenzen. Bedeutet das Preisgeben von Ideen womöglich noch mehr Arbeit? Oder mündet das Kundtun von Bedenken in Kritik oder gar Kündigung? Wenn du etwas gegen die beiden Phänomene unternehmen willst, solltest du unterschiedliche Wege gehen, empfehlen Parke und Sherf.

1. Mitsprache fördern, Ideen abholen

- Bitte bereits in der Einladung zu einem Meeting darum, Ideen und Vorschläge zu überlegen, die jeder kurz vorstellen kann.
- Signalisiere durch deine Sprache: Eure Ideen sind wichtig und haben gute Chancen auf Umsetzung.
- Sorge dann dafür, dass auch jede Idee angehört wird.
- Entscheidet gemeinsam, welche Ideen direkt umgesetzt und welche für später „geparkt“ werden.
- Informiere dein Team laufend, was aus den Ideen geworden ist (das könnte ein eigener kleiner Tagesordnungspunkt bei jedem Meeting werden).

2. Sichere Atmosphäre bieten, schwierige Themen ansprechen

Hast du eher den Eindruck, dass Bedenken bei euch im Team eher zurückgehalten werden, dann solltest du dir anschauen: Wie geht ihr grundsätzlich miteinander um? Werden Bedenkenträger belächelt, ignoriert oder gar abgewertet? Natürlich liegt das Ziel nicht darin, künftig nur noch über Probleme zu sprechen. Aber es lohnt sich, sie auf den Tisch zu bringen, um gemeinsam über Lösungen nachzudenken. Das kannst du selbst tun, um eine sichere Atmosphäre zu schaffen:

- Geh mit gutem Vorbild voran und zeige aufrichtiges Interesse an vorgetragenen Problemen.

- Beschütze Mitarbeitende, wenn du merkst, dass sie für ihre Ideen und Bedenken verspottet oder attackiert werden. Betone dann die Bedeutung von Problembewusstsein und Lösungsorientierung.

- Ritualisiere das Ansprechen von Problemen, etwa indem du einmal im Monat dafür eine bestimmte Zeit im Meeting auf die Agenda setzt.

- Zeige deinen Mitarbeitenden über systemische Fragen, wie schon kleine Perspektivänderungen zu mehr Lösungsansätzen führen können (z. B. „Was könnten wir rein theoretisch tun?“).

Entscheidend ist, dass du Schritt für Schritt Mechanismen installierst, die das Mitreden, das Laut-Denken von Ideen oder das Ansprechen von Problemen ganz selbstverständlich machen. Natürlich nicht in ausuferndem Maß, sondern regelmäßig in kleinen Häppchen, die mit der Zeit so selbstverständlich werden, dass jeder sich traut mitzumachen.

Working Out Loud: diverses Team + minimaler Aufwand = maximales Ziel

Das offene Aus- und Besprechen von Ideen und Erfahrungen bedeutet einen Paradigmenwechsel. Weg von einem „Wissen ist Macht“ hin zu einem „Wissen teilen ist Macht“. So eine Entwicklung will aber begleitet werden, und hier leistet Working Out Loud (WOL) wunderbare Dienste. WOL ist eine Selbstlern-Methode, die auf gegenseitiger Inspiration und gezieltem Austausch basiert. Entwickelt wurde sie von dem US-Amerikaner John Stepper, der nach drei Jahrzehnten in großen Unternehmen schockiert war über die Verschwendung von menschlichem und unternehmerischem Potenzial. Das musste doch besser gehen![5]

Sein selbstorganisiertes Lernprogramm bringt ganz unterschiedliche Menschen zusammen, lässt sie ihr Wissen transparent machen und aktiv teilen. Im Lauf des Programms lernen sie fast nebenbei, besser zu kommunizieren, effizienter zusammenzuarbeiten und entwicklungs- beziehungsweise lösungsorientierter zu denken. Konzerne wie BMW, Siemens, Daimler und Bosch haben das Potenzial der Methode früh erkannt, um Kollaboration intern zu pushen und Wissen gezielter zu teilen.

Und so geht's:
Vier bis fünf Personen (idealerweise mit unterschiedlichen Berufsbildern oder Hintergründen) schließen sich zu einem WOL-Circle zusammen. Sie treffen sich zwölf Wochen lang jeweils eine Stunde in der Woche, um vorgegebene Aufgaben zu bearbeiten. Zu Beginn setzt sich jeder aus dem Circle ein individuelles Ziel, das er in dieser Zeit erreichen möchte, zum Beispiel:

- Wie vernetze ich mich besser intern (oder auch extern)?
- Wie schaffe ich mir zu Thema XY ein Netzwerk?
- Wie baue ich ein professionelleres Image auf?
- Wie werde ich zum Experten im Bereich YZ?
- Wie verankere ich gezielt ein Growth Mindset bei mir?
- Wie schaffe ich es, tiefgehende Gespräche zu führen?
- Wie komme ich schneller ins Handeln?

Die 5 WOL-Prinzipien

Das Programm will sich vom reinen Netzwerken abgrenzen und setzt auf diese Prinzipien:

Beziehungen (Relationships)

Der Aufbau des sozialen Netzwerks schafft Beziehungen, die für **beide** Seiten hilfreich sind.

Großzügigkeit (Generosity)

Tipps, Informationen, Unterstützung und Feedback werden geteilt, ohne Gegenleistung zu erwarten.

Sichtbare Arbeit (Visible Work)

Während der zwölf Wochen wird gezielt veröffentlicht, woran man gerade arbeitet und welche Zwischenergebnisse vorliegen – mit Unterstützung der anderen im Circle.

Zielgerichtetes Verhalten (Purposeful Discovery)

Jeder verfolgt sein individuelles Ziel und teilt seine Höhen und Tiefen auf diesem Weg. Gleichzeitig erfahren alle Inspiration und Ermutigung durch den Austausch mit den anderen.

Entwicklungsorientiertes Denken (Growth Mindset)

Durch das kontinuierliche Feedback der anderen und den Blick auf das bisher Erreichte wird für jeden sichtbar, welche Chancen das Leben und die Arbeitswelt bereithalten – wenn man sich auf die Entwicklung einlässt.

Kollegiale Führung: Verantwortung verteilen und den Wandel gemeinsam gestalten

Noch ein Prinzip möchten wir dir gerne vorstellen, das dich bei der Weiterentwicklung deines Teams unterstützen kann: Was wäre, wenn Mitarbeitende ihre Führungskräfte selbst wählen? Und neue Kolleg*innen anstellen? Oder sogar ihr Gehalt gemeinsam festlegen? Das alles gibt es bereits. Zugegebenermaßen noch recht selten, aber immerhin. Einer, der sein eigenes Unternehmen derart reorganisiert hat, weil es einfach wirtschaftlich sinnvoll war, ist Bernd Oestereich. Was es für solche Schritte braucht und wie man am besten vorgeht, hat er zusammen mit Claudia Schröder in dem Buch „Das kollegial geführte Unternehmen" beschrieben.[6]

Der Grundgedanke: Je besser und klarer in Unternehmen und Teams die Verantwortlichkeiten verteilt sind, desto leichter kommen alle mit den Unsicherheiten und Turbulenzen um sie herum zurecht. In ihrem Konzept der kollegialen Führung stehen nicht mehr nur wenige exklusive Führungskräfte an der Spitze, die alles bündeln. Stattdessen werden viele Führungsaufgaben auf viele verschiedene Personen verteilt. Überhaupt geht es hier weniger um Führungspersonen als vielmehr um Führungsarbeit, die situativ von ganz unterschiedlichen Personen ausgeübt werden kann.

Anders als in klassischen Hierarchiestrukturen entscheidet hier die umsetzende Rolle – und kann sich so für ihren Führungsbereich weiterentwickeln. Das klingt erst mal ungewöhnlich, bringt aber die beiden Seiten zusammen, die sich in Unternehmen oft gegenüberstehen: einmal Führungskräfte, die sich wünschen, dass ihre Mitarbeitenden mehr Verantwortung übernehmen. Und auf der anderen Seite die Mitarbeitenden, die das bisher nicht in ausreichendem Maß tun konnten oder durften.

Wie wir im ersten Kapitel beschrieben haben, wollen allerdings derzeit immer weniger Menschen eine Führungsposition übernehmen. Wir beobachten aber durchaus, dass Menschen gerne gemäß ihren Stärken Verantwortung übernehmen – sofern es ihnen sinnvoll erscheint.

Damit ein Konzept wie die kollegiale Führung also funktionieren kann, braucht es

- **Vertrauen:**
  Fehler passieren, sind Lernfelder und bieten wertvollen Raum für Weiterentwicklung

- **Freiwilligkeit:**
  Menschen entscheiden selbst, für was und in welchem Umfang sie Verantwortung übernehmen

- **Transparenz:**
  Allen ist bewusst, wer für welche Aufgabe inwieweit verantwortlich ist

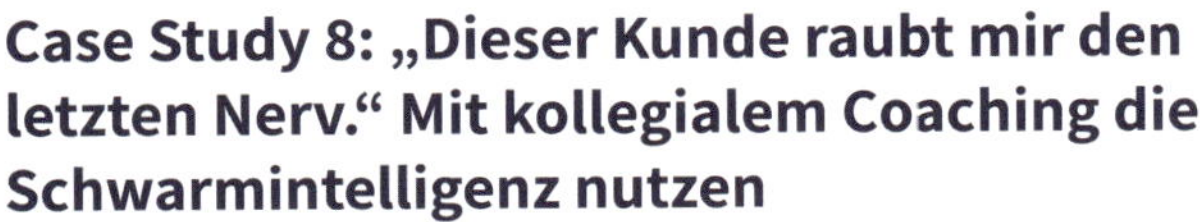

Case Study 8: „Dieser Kunde raubt mir den letzten Nerv." Mit kollegialem Coaching die Schwarmintelligenz nutzen

Was von den zuvor beschriebenen Inhalten kannst du jetzt nutzen, um eine Teamkultur zu schaffen, die das gemeinsame Finden und Umsetzen von Lösungen fördert? Du kannst die coachende Haltung so weit vorleben und einführen, dass sich die Teammitglieder über kurz oder lang sogar gegenseitig coachen. Dann öffnen sich Räume für gemeinsame Reflexionen. Daraus entwickelt sich im besten Fall ein Nährboden für Vertrauen, Transparenz und eine lösungsorientierte, nachhaltige Zusammenarbeit.

Stavjo ist ratlos. Seitdem auf Kundenseite ein neuer Projektverantwortlicher übernommen hat, läuft es nicht mehr richtig rund. Um die Beziehung zu verbessern, hat Stavjo seine üblichen Register bereits gezogen: von coachenden Fragen über gemeinsame Mittagessen bis hin zu Projektübersichten und Review-Gesprächen. Doch irgendwie kann er es dem neuen Projektleiter einfach nicht recht machen.

In seiner letzten Coaching-Ausbildungseinheit hat er kollegiales Coaching als effektive Methode kennengelernt, um die Eigenreflexion anzuregen und neue Lösungsideen zu generieren. Das möchte er jetzt probieren und schreibt zehn seiner Teammitglieder an. Dabei achtet er darauf, eine möglichst diverse Mischung zusammenzustellen. In der Einladung skizziert er kurz seine Sicht auf das Problem und erläutert, welchen Output er sich durch den Austausch erhofft. Da sein Team das kollegiale Coaching nicht kennt, listet er zudem die Prozessschritte auf und hängt eine Auswahl an systemischen Fragen an die Mail (die schon nicht mehr so neu für seine Mitarbeitenden sind, weil er sie bereits regelmäßig einsetzt).

Die Resonanz auf seine Frage, ob die zehn Teammitglieder Interesse haben, diese Methode mal auszuprobieren und ihn bei seiner Fragestellung zu unterstützen, stößt auf großes Interesse. Ein Termin für ein Online-Meeting ist fix gefunden, und auch die einzelnen Rollen für Moderation, Time-Keeping und Visualisierung finden schnell ein Zuhause.

Das Team trifft sich online per Videokonferenz-Tool und arbeitet parallel mit einem kollaborativen Whiteboard, um den Prozess und die Ideen zu visualisieren.

Stavjo heißt alle willkommen und bedankt sich für ihre Bereitschaft zur Unterstützung. Dann lädt ihn Pete als Moderator ein, sein Thema der Gruppe noch einmal kurz vorzustellen. Stavjo erzählt, was in den letzten Wochen passiert ist. Anhand von ein paar Gegebenheiten schildert er, welche Unstimmigkeiten er mit dem Projektverantwortlichen Alain hat und welche Konsequenzen sich daraus mittlerweile ergeben haben.

Nach fünf Minuten gibt Pete das Signal für die nächste Phase des kollegialen Coachings. Jetzt hat die Gruppe fünf Minuten Zeit, um Stavjo klärende Verständnisfragen zu stellen: wer, was, wie lange, wie genau, wann, wie oft, was konkret ... Einzige Bedingung: keine Warum-Fragen.

Nach drei Minuten haben sich die Verständnisfragen bereits erschöpft. „Deine Vorstellung des Themas war schon richtig auf den Punkt", meint Marie. „Und ein paar Situationen konnten wir ja auch schon live miterleben."

Pete übernimmt wieder: „Dann starten wir jetzt mit einem 10-Minuten-Block, in dem wir dir systemische Fragen stellen. Danke Stavjo für die Liste - ich bin echt gespannt, welche Einsichten die Fragen bewirken können." Die anderen nicken, Marie nimmt als Visualisierungsbeauftragte den Stift und Moderationskarten zur Hand.

Fritz, der Controller und Zahlenmensch der Gruppe, startet: „Stavjo, was könnte denn das Gute an diesem Problem für dich sein?"

„Hmmmm … das Erste, was mir in den Kopf kommt: Es hat mich auf die Idee zu diesem kollegialen Coaching gebracht. Und das finde ich ziemlich gut, weil es eine Chance für uns ist, als Team zu wachsen."

„Wo stehst du denn gerade in der Beziehung mit Alain auf einer Skala von 0 bis 10, wenn 0 katastrophal bedeutet und 10 der Idealzustand ist?"

„Aktuell würde ich sagen, wir stehen auf einer 6, weil wir letzte Woche ein durchaus fruchtbares Gespräch hatten. Hättest du mich davor gefragt, hätte ich 2 gesagt."

„Okay, was ist denn auf der 6 anders im Vergleich zur 2?"

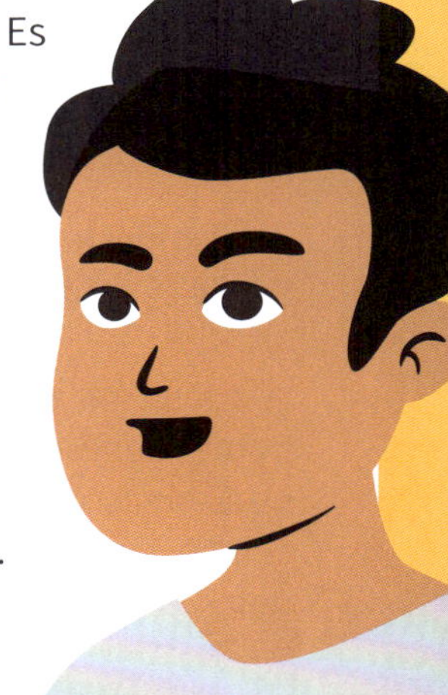

„Alain hat mir zugehört, mich ausreden lassen und mir sogar in dem Punkt recht gegeben, dass wir den einen Roll-out noch nicht starten können, weil uns intern relevante Infos fehlen."

Fritz hakt hier gleich nach. „Was hast DU denn konkret anders gemacht, dass Alain so agieren konnte?"

„Ich habe erst mal viel konkretisierend nachgefragt, wo ihn der Schuh drückt."

„Was waren denn in diesem Moment hilfreiche Gedanken für dich?", fragt Marie.

„Ich hatte das Gefühl, er muss erst mal Druck ablassen, vorher hört er eh nicht zu."

Pete hat eine Idee. „Angenommen, ihr seid bei Big Brother und ein Millionenpublikum schaut euch zu: Was würden es sagen, wenn es euch die letzten Wochen beobachtet hätte?"

Stavjo lacht. „Zwei Gorillas klopfen sich auf die Brust, um klar zu machen, wer hier die meiste Ahnung hat."

„Was hätten die Zuschauer*innen noch beobachtet?"

„Ich will zeigen, dass ich alles im Griff habe und dass wir als Team auch gewürdigt werden für unsere gute Arbeit. Alain soll sehen, dass man uns vertrauen kann! Andererseits will er, als der Neue, manches natürlich anders machen als sein Vorgänger und stellt daher vieles infrage."

„Was müsstest du denn tun, um die Beziehung zu ihm komplett an die Wand zu fahren?"

„Da fällt mir ein: ihn ständig unterbrechen, ihn nicht ausreden lassen, immer sagen, dass wir nicht liefern können, weil sie nichts liefern, seine E-Mails nicht beantworten und seinen Vorgesetzten überall in CC setzen. Und vielleicht auch immer wieder sagen, dass wir alles mit seinem Vorgänger bereits so abgesprochen hätten."

„Stell dir mal vor, du bist frei von jeglichen Einschränkungen: Was würdest du tun?"

Da muss Stavjo ein bisschen überlegen. „Also ehrlich gesagt, am liebsten würde ich einen Blick in seinen Kopf werfen können und erkennen, was er braucht, um uns in Ruhe unseren Job machen zu lassen."

Der Timer piept. Pete bittet Stavjo, jetzt über alle Antworten zu schauen. „Wenn dein Thema eine Frage wäre, wie würde diese lauten?"

„Das steckt eigentlich ganz gut in meiner letzten Antwort: Was kann ich tun, damit Alain das notwendige Vertrauen zu uns fasst?"

Marie schiebt die bisherigen Antworten an den oberen Whiteboardrand und fettet die zentrale Frage, damit sich alle daran orientieren können. „Ab jetzt schreibt jeder von euch seine Ideen direkt hier rein."

Pete fährt fort: „Dann starten wir in die gemeinsame Brainstorming-Phase und sammeln unsere Ideen zu Stavjos Frage. Insgesamt haben wir zehn Minuten Zeit dafür, nach jeweils drei Minuten mache ich einen kurzen Break, damit wir die Ideen anschauen und Stavjo Rückfragen stellen beziehungsweise uns erste Präferenzen nennen kann."

Gesagt, getan:

Gemeinsamen Projektausflug planen

Workshop mit Alain: Ziele abstimmen, seine Ideen abholen

Review mit den bereits erreichten Meilensteinen

Mini-Interview mit Alain in unserer internen Zeitung

Alain zum nächsten Daily Scrum einladen – volle Transparenz!

Review-Kreis erweitern

Der Timer meldet sich. „Die ersten drei Minuten sind um. Stavjo, hast du Fragen, ist dir etwas unklar?“

„Was meint ihr mit ‚Review-Kreis erweitern‘?“

„Dass nicht immer nur ihr beide zusammensitzt, sondern auch immer aus den beiden operativen Einheiten Teilnehmer*innen eingeladen werden, um direkt zu sagen, was gerade gut läuft und was noch besser wäre.“

Die Idee gefällt Stavjo und wird ergänzt. Das Brainstorming geht weiter. Auch Stavjo fallen neue Maßnahmen ein, die er aufs Whiteboard schreibt.

So geht es durch alle drei Brainstorming-Runden, am Ende hat Stavjo eine schöne Auswahl an Ideen vor sich.

„So Stavjo. Welche von diesen Ideen möchtest du denn mal ausprobieren?“, fragt Pete.

„Erst mal vielen Dank, da sind so viele tolle Ideen zusammengekommen! Was ich sofort umsetzen kann, ist Alain für das Mini-Interview in der Mitarbeiter-Online-Portal anzufragen. Die interne Kommunikation liegt mir ohnehin schon seit Wochen in den Ohren, mal was anzubieten. Und wenn ich Alain frage, ob er zum Thema Projektmanagement der Experte auf Kundenseite sein möchte, findet er das garantiert gut.“

„Was noch?“

„Die Unterstützung in den Reviews finde ich super. Wie das genau aussehen könnte und wer dafür infrage kommt, müssten wir aber noch genauer ausarbeiten.“

„Lasst uns das doch gleich bei der nächsten Subhead-Runde auf die Agenda setzen“, schlägt Marie vor.

„Wie können wir dich beim nächsten Schritt noch unterstützen?“, will Pete wissen.

„Für heute passt das wunderbar. Ich werde aber in Zukunft gerne öfter mit solchen Fragen oder Themen auf euch zukommen. Ich merke, da springen doch mehr Ideen raus, als wenn ich allein darüber brüte.“

Das ganze Vorgehen hat nicht mehr als 45 Minuten in Anspruch genommen. Stavjo ist mehr als zufrieden und alle einigen sich darauf, künftig regelmäßig mit der Methode des kollegialen Coachings zu arbeiten. Beim nächsten Mal will Pete ein Thema einbringen.

Was hat zum Gelingen beigetragen?

Stavjo hat den Termin optimal vorbereitet: die Methode erklärt, das Vorgehen erläutert, die Mittel zur Verfügung gestellt. Und er geht selbst mit dem guten Beispiel voran, ein Thema in die Runde zu werfen, bei dem er selbst nicht weiterkommt. Er hat die Rollen erklärt und jeden selbst wählen lassen, welche Rolle er übernehmen möchte.

Stavjos Ablaufplan für kollegiales Coaching

VORAB

1. Diverses Team zusammenstellen
2. Einladung versenden mit Zielsetzung des Termins, Methodenplan, Auswahl an systemischen Fragen, Rollenangebote nennen und freiwillig besetzen lassen
3. Sich selbst aufs Meeting gut vorbereiten, um den Sachverhalt kompakt darstellen zu können

IM MEETING

4. 5 Minuten Sachverhalt beschreiben
5. 5 Minuten Verständnisfragen vom Team zum Sachverhalt (alles erlaubt, außer Warum-Fragen)
6. 10 Minuten Problemreflexion mittels systemischer Fragen
7. Thema als zentrale Frage formulieren
8. 10 Minuten Brainstorming-Phase in drei Wellen à 3 Minuten, dazwischen kurze Rückfragen und Präferenzen
9. Transfer: Was will ich machen?
10. Unterstützung: Wer oder was kann mir helfen?

NACH DEM MEETING

11. Rückmeldung ans Team, wie es weitergeht

Welche systemischen Fragen hat das Team hier genutzt und angepasst?

Reframing-Frage:
„Was ist das Gute an diesem Problem?“

Skalen-Frage:
„Wo stehst du gerade in der Beziehung auf einer Skala von 0 bis 10, wenn 0 katastrophal bedeutet und 10 der Idealzustand ist?“
„Was ist auf der 6 anders im Vergleich zur 2?“

Driver's Question:
„Was hast du anders gemacht?“
„Was war hilfreich in deinen Gedanken?“

Zirkuläre Frage:
„Angenommen, ihr seid bei Big Brother und ein Millionenpublikum schaut euch zu: Was würde es sagen, wenn es euch die letzten Wochen beobachtet hätte?“

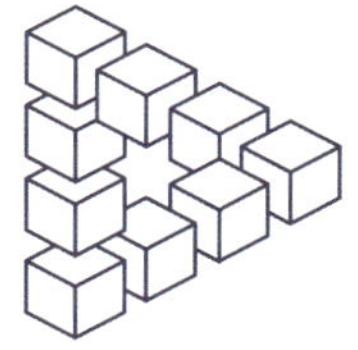

Paradoxe Frage:
„Was müsstest du denn tun, um die Beziehung komplett an die Wand zu fahren?“

Hypothetische Frage:
„Stell dir mal vor, du bist frei von jeglichen Einschränkungen: Was würdest du tun?“

Selbstorganisierte Teams: Reflexion als Kernelement für Agilität

Teams sollen agiler werden – hört man ständig. Welche grundlegende Fähigkeit braucht ein Team dafür?

Agilität bedeutet im Kern ein iteratives Vorgehen, also einen kontinuierlichen Verbesserungs- und Anpassungsprozess. Denn wenn wir Schritt für Schritt vorgehen, haben wir die Möglichkeit, zwischen den Schritten die Richtung anzupassen.

Unter einer Voraussetzung: Wir halten zwischen den Schritten an, nehmen wahr, was ist, und reflektieren. Ohne diesen Raum für Reflexion können wir nicht erkennen, was schon gut läuft und was noch idealer laufen könnte. Erst wenn wir reflektieren, können wir förderliche Maßnahmen ableiten, die uns einen Schritt näher ans Ziel bringen.

Ein agiles Team braucht dafür die Fähigkeit, sich selbst und seine Handlungen ressourcen-und lösungsorientiert zu beobachten und zu analysieren. Daraus kann es dann Einsichten und Handlungsideen entwickeln, die zu diesem Zeitpunkt und mit dem aktuellen Kenntnisstand bestmöglich geeignet sind, einen weiteren Schritt nach vorne zu gehen. Immer im Wissen, dass es keine Sicherheiten gibt, sondern dass auch dieser nächste Schritt ein Experiment ist. Das wiederum überprüft wird, um erneut Einsichten zu gewinnen und anschließend Maßnahmen abzuleiten. Wie eine Spiralbewegung wird dieser Prozess immer wieder durchlaufen – und führt das Team auf eine immer höhere Ebene.

Dieses didaktische Modell stammt von David A. Kolb , der damit erfahrungsbasiertes Lernen abgebildet hat.[7] Es lässt sich ideal auf die Lernprozesse innerhalb von Teams übertragen und einsetzen.[8] Aufgabe der Führungskraft ist es, den Rahmen zu schaffen, damit ihr Team eine solche Spirale überhaupt implementieren kann, als Teil der Teamstruktur und -kultur. So ist es kontinuierlich auf dem Weg der Selbstentwicklung und Selbstorganisation.

„Gerade von Führungskräften im mittleren Management wird heute erwartet, dass sie operative Tätigkeiten übernehmen und gleichzeitig andere führen. Das ist nur dann machbar, wenn sie ihr Team mitnehmen und gemeinsam die Herausforderungen anpacken."

Annette Wodzak-Littig,
Inhaberin Personalberatung Wodzak.Littig

Was du aus Kapitel 6 mitnehmen kannst

- Gelingt es dir, einen guten Teamgeist zu entwickeln, dann werden viele Ideen, Warnungen und Unterstützung von selbst aus deinem Team herauskommen.
- Das wird von außen wahrgenommen und erleichtert dir das Gewinnen neuer Teammitglieder, die ähnliche Werte vertreten.
- Mitgefühl ermöglicht das Nachvollziehen von Beweggründen anderer Menschen, was wiederum ganz neue Reaktionsmöglichkeiten zulässt.
- Mitgefühl kann über die Selbstreflexion mit systemischen Fragen sehr gut trainiert werden – am besten über tägliche Routinen.
- Sehr klare Anweisungen lassen wenig Raum für selbstverantwortliche Lösungen. Mehr Engagement, Meinung und Input vom Team lassen sich erzielen, wenn du den Rahmen mit Fragen Schritt für Schritt öffnest.
- Wenn das Team in die Entwicklung von Optimierungsideen einbezogen wird, stehen die Chancen besser, dass alle aktiv an der Umsetzung mitwirken.
- Erfolgversprechend ist das schrittweise Installieren von Mechanismen, die das Mitreden, laut Denken von Ideen und Ansprechen von Problemen selbstverständlich machen.
- Wenn Führungskräfte die coachende Haltung vorleben, kann das über kurz oder lang sogar dazu führen, dass sich die Teammitglieder gegenseitig coachen.
- So werden sie immer besser darin, Anregungen von außen aufzugreifen und zu ihren eigenen Lösungen weiterzuspinnen.

die du dir jetzt stellen kannst

Wie habe ich mich in meinem letzten Mitarbeitergespräch verhalten (neugierig zuhörend, rasch bewertend, aktiv nachfragend, ungeduldig …)?

Haben meine Fragen die anderen zum Reflektieren des ganzen Systems angeregt? Welche Fragen habe ich dabei genutzt?

Habe ich ihn/sie dort abgeholt, wo er/sie stand? Wie?
Was würde ich beim nächsten Mal konkret anders machen?

Wie kann ich mein Mitgefühl-Training als tägliche Routine in meinen Arbeitsalltag integrieren?

Was habe ich heute getan, um die Zusammenarbeit in meinem Team zu fördern?

Welche Mechanismen machen bei uns das Mitreden, laut Denken von Ideen und Ansprechen von Problemen selbstverständlich?

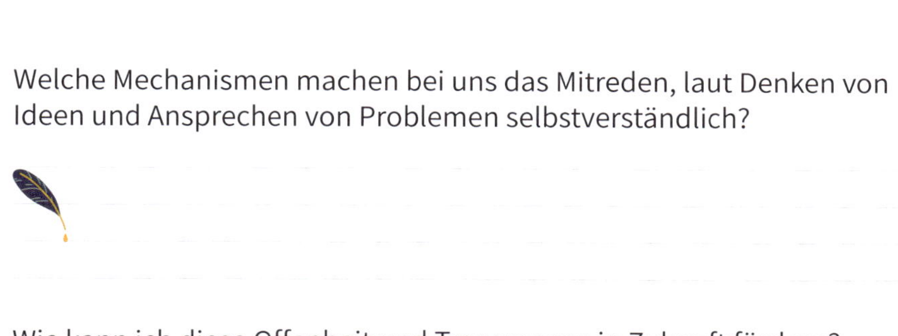

Wie kann ich diese Offenheit und Transparenz in Zukunft fördern?

Welche Auswirkungen hätte es, wenn wir uns über kollegiales Coaching im Team unterstützen?

Haben wir als Team die Möglichkeit, unser Vorgehen schrittweise zu reflektieren und gegebenenfalls anzupassen?

Mit welchem Thema könnte ich selbst demnächst das kollegiale Coaching bei uns einführen bzw. vorleben?

Wie gehe ich dabei bis wann konkret vor?
Wer kann mich unterstützen?

Teil 3

Methodenkoffer

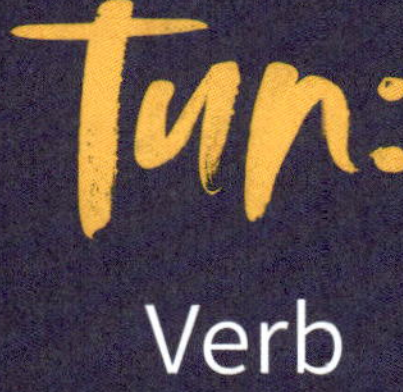

Verb

Bedeutungen u.a.:[1]

- **eine Handlung ausführen**
- **sich mit etwas beschäftigen**
- **etwas vollbringen**

Wie du vom Wissen übers Verstehen ins Handeln kommst.
Welche Konflikte du vermeiden solltest.
Und was du ab sofort tun kannst.

"Wenn man immer weniger Zeit hat und der Informationsvorsprung kleiner wird, dann wird die Selbstreflexion immer wichtiger, um Entwicklungen zu erkennen und sinnvolle Veränderungen einzuleiten. Manche sind da Naturtalente, aber die meisten müssen es erst lernen."

Stephan Barlet,
Managing Partner, ACA Aerospace Consultancy Associates GmbH

Kapitel 7

Wie du jetzt konkret loslegen kannst

„Stell dir vor …“: Haltung ist Trainingssache

Jetzt geht es ans Handeln, um deine neue Haltung Schritt für Schritt weiterzuentwickeln. Wenn du die bisherigen Kapitel gelesen hast, dann sind dir die systemischen Fragen und ihre Varianten immer geläufiger geworden. Hier folgen noch ein paar wichtige Infos für deine Überzeugungsarbeit zum Thema Coaching, Selbsttests zur Standortbestimmung, Tipps für die Vermeidung von Rollenkonflikten und vor allem ein paar wertvolle Leitfäden für verschiedene Situationen. Und zum Abschluss kannst du planen, mit welchen konkreten Aktionen du dein Training beginnen und durchhalten wirst.

Mindset erweitern: Mach dir bewusst, was du mit Fragen erreichen kannst

Kannst du als Führungskraft deine Mitarbeitenden überhaupt coachen? Wir sagen: ja, wenn du bestimmte Faktoren erkennst und berücksichtigst.

Wissenschaft belegt die Wirksamkeit von Coaching
Den Psychologen Tim Theeboom von der Universität Amsterdam hat die grundsätzliche Wirksamkeit von Coaching interessiert. So sichtete er insgesamt 107 Studien zum Thema und kam zu folgendem Ergebnis: „Grundsätzlich zeigen unsere Ergebnisse der Meta-Studie, dass Coaching ein effektives Mittel ist, um die Zusammenarbeit von Individuen in Organisationen zu fördern."[2]

In folgenden Kategorien konnte Theeboom eine positive Wirkung messen:

- **Zielerreichung:** Besonders komplexe oder bereits mehrfach erfolglos in Angriff genommene Ziele lassen sich schneller, leichter und freudvoller erreichen.

- **Leistungskraft:** Coaching kann Faktoren identifizieren, die Energie geben oder abziehen, und entsprechend Strategien entwickeln, um dieses Wissen zu nutzen.

- **Arbeitseinstellung:** Was motiviert Menschen, sich bei der Arbeit mit vollem Einsatz zu engagieren? Und wie lässt sich mehr davon in die aktuelle Aufgabe integrieren?

- **Wohlbefinden:** Der Mensch fühlt sich wohl, wenn er körperlich, geistig und sozial gesund ist. Gerät einer dieser Bereiche dauerhaft aus dem Gleichgewicht, kommt es oft zu Blockaden. Coaching kann Auslöser identifizieren und Abhilfe schaffen.

- **Entwickeln von Strategien zur Bewältigung von Problemen:** Coaching arbeitet lösungsorientiert. Viele kleine, aber wirksame Maßnahmen lösen die Probleme Schritt für Schritt oder lassen Ziele Step by Step erreichen. Eine Idee funktioniert nicht? Dann wird eben eine andere erarbeitet.

Tim Theebooms Fazit: Forschung müsse nicht mehr primär fragen, **ob** Coaching wirkt, sondern **wie** und vor allem **wodurch.**

Boden bereiten: Welche Voraussetzungen dich als coachende Führungskraft erfolgreich machen

Wolfgang Kühl und Erich Schäfer von der Ernst-Abbe-Hochschule in Jena identifizieren in einer qualitativen Studie eine Reihe **erfolgskritischer Faktoren,** die über den Erfolg von Coachings über Führungskräfte entscheiden:[3]

1. **Vertrauensvolle Beziehung:** Nur wer das Vertrauen seiner Mitarbeitenden besitzt, dass sie mit ihrer Offenheit bei ihm in guten Händen sind, wird ihre volle Mitarbeit entfalten können.

2. **Positives Menschenbild:** Wer daran glaubt, dass sich Menschen laufend weiterentwickeln können, wird dieses Wachstum auch aktiv anregen.

3. **Partizipatives Führungsverständnis:** Nur wer glaubwürdig vermittelt, dass er an den Lösungsideen seiner Mitarbeitenden interessiert ist, wird die ganze Kreativität des Teams bekommen. Hilfreich ist dabei natürlich ein entsprechender Reifegrad der Organisationskultur, die eine Beteiligung der Belegschaft auch als Kultur lebt.

4. **Geschütztes Setting:** Nur wer sich beim Coaching entsprechend geschützt fühlt, wird sich öffnen. Das Visualisierte darf nicht von anderen gesehen, das Gesprochene nicht gehört und das Erarbeitete nicht weitergeben werden.

5. **Selbstreflexionskompetenz:** Wer sich selbst gut kennt, kann potenzielle Rollenkonflikte zwischen seiner Coach- und Führungsrolle schneller und besser regulieren. Sich selbst immer wieder coachen zu lassen, fördert diese Selbstreflexion und liefert dazu noch Ideen für die eigenen Coachings-Sessions mit dem Team.

6. **Beherrschen** der eingesetzten **Coaching-Techniken:** Wer versteht, welche Möglichkeiten sich durch systemische Fragen überhaupt ergeben können und wie sie funktionieren, kann anfangen, sie im Kleinen zu üben und sein Repertoire dann systematisch erweitern.

Wo stehst du? Wie sieht dein Mindset aus?

Welche Voraussetzungen bietest du schon, um deine Mitarbeitenden und dein Team gut coachen zu können? Und an welchen kannst du noch arbeiten?

Markiere auf der Skala, wo du dich zu dieser Frage gerade befindest, wenn 10 den Idealzustand darstellt:

Meine Mitarbeitenden haben überwiegend Vertrauen zu mir und sprechen offen aus, was sie beschäftigt.

Ich habe grundsätzlich ein positives Menschenbild und glaube daran, dass sich alle meine Mitarbeitenden weiterentwickeln können.

Ich bin daran interessiert, welche Lösungsideen meine Mitarbeitenden haben. Das gehört bei uns sogar zur Unternehmenskultur.

0 10

Wir haben die räumlichen Möglichkeiten, ein geschütztes Coaching in unserem Umfeld durchzuführen.

Selbstreflexion übe ich täglich und systematisch aus, weil ich weiß, dass sie mich konkret weiterbringt.

Ich kenne und beherrsche Coaching-Techniken.

An welchem Punkt willst du in nächster Zeit gezielt arbeiten? Wie?

Ist eine komplette Coaching-Ausbildung sinnvoll für Führungskräfte?

Grundsätzlich ist eine Coaching-Ausbildung an einem professionellen und guten Ausbildungsinstitut eine grandiose Sache für Führungskräfte. Nur beim Transfer des Gelernten in die Praxis hapert es oft. Weil der Arbeitsalltag zu weit weg ist von den geübten Situationen, weil sich die Führungskräfte sorgen, durch erste Fehlversuche ihrem Image zu schaden oder weil einfach nie Zeit dafür ist.

Genau hier wollen wir mit diesem Buch eine Brücke bauen und sagen: Kleine erste Fragen kannst du sofort nach der Lektüre dieses Buches in Gespräche einbauen. Je häufiger du die Erfahrung machst, dass sie funktionieren, desto mehr Sicherheit gewinnst du. Es gibt ein paar Fragen, die mittlerweile so abgedroschen sind oder so oft missbraucht wurden, dass sie in bestimmten Kontexten nicht mehr zielführend sind. Auf die gehen wir gleich noch ein. Es bleiben aber noch sehr viele Möglichkeiten, die zu lernen dich wirklich weiterbringt.

Coaching-Fragen sind ein bisschen wie das Alphabet. Am Anfang hast du einzelne Buchstaben gelernt und mühsam zusammengesetzt, bis du ganze Aufsätze und Berichte schreiben konntest. Manchen reicht das, andere perfektionieren ihr Schreiben lebenslang zu Dichtung oder Romanen. Je nach Branche wird es dir vielleicht eines Tages genügen, hin und wieder mit einer Frage Bewegung in ein Meeting oder ein Mitarbeitergespräch zu bringen. Vielleicht gönnst du dir auch eine Coaching-Kompaktausbildung, um hin und wieder mal eine mehrstufige Methode in deine Sessions einzubauen. Möglicherweise willst du aber auch dein Team wie ein spannendes Drehbuch weiterentwickeln und tatsächlich eine Coaching-Ausbildung mit Zertifizierung durchlaufen. So oder so:

Der Anfang liegt bei den systemischen Fragen, die garantiert wirken.

Hindernisse überwinden: Wie du Rollenkonflikte vermeidest

Wer Verantwortung für ein Team oder eine Arbeitsgruppe trägt und gleichzeitig einzelne Mitarbeitende weiterentwickeln möchte, wird sich auch mit Zielkonflikten konfrontiert sehen. Was dem einen vielleicht persönlich weiterhelfen würde, könnte für das Team als Gesamtheit eine Belastung darstellen. Etwa wenn es um das Umverteilen von Aufgaben in einer ohnehin überforderten Einheit geht. Oder wenn ein Teammitglied im Coaching zu der Erkenntnis gelangt, dass das Unternehmen gar nicht zu den eigenen Werten passt.

Auch hier helfen dir Haltung, Neugier und ein bewusster Umgang mit deinen verschiedenen Rollen weiter.

Einzel- vs. Team-Interessenkonflikt:
Ein Teammitglied möchte seine Arbeit durch eine zusätzliche Aufgabe aufwerten, dafür eine andere abgeben. Doch niemand im Team will die alte Aufgabe freiwillig übernehmen. Wenn du jetzt dem Coachee seinen Wunsch abschlägst, ist dieser demotivierter als vor dem Coaching. Wenn du jedoch die Aufgabe jemand anderem einfach zuweist, sorgst du für schlechte Stimmung im Team.

Lösungsansatz:
Betrachte diesen ersten Wunsch deines Coachees als Zwischenschritt und hör nicht zu früh auf mit dem Fragen. Wer könnte etwas gegen diese Lösung haben? Wie ließe er/sie sich mit ins Boot holen? Was könntest du rein theoretisch noch tun? Vertraue auf das Entwicklungspotenzial deiner Mitarbeitenden. Oft lautet eine Lösungsidee, dass man eine neue Aufteilung mit dem ganzen Team besprechen könnte. Und wenn alle an neuen spannenden Themen arbeiten dürfen, die sie persönlich interessieren, dann sind sie eher bereit, die eine oder andere Kröte in Form einer nicht so tollen Aufgabe zu schlucken.

Wertekonflikt:
Ein von dir sehr geschätztes Teammitglied stellt im Laufe deines Coachings fest, dass die Mission eures Unternehmens überhaupt nicht vereinbar mit seinen Werten ist. Die einzige attraktive Lösungsoption scheint ihm ein Arbeitgeberwechsel zu sein. Du fühlst dich schlecht, weil du den Mitarbeitenden sozusagen „weg-gecoacht" und damit vermeintlich nicht im Sinne des Unternehmens gehandelt hast.

Lösungsansatz:
Auch hier hilft dir die Haltung: Alles ist in Bewegung. Möglicherweise haben deine Fragen wirklich diese Erkenntnis zutage gebracht, die sonst nicht gekommen wäre. Dann wird dieses Teammitglied dich und die Organisation jedoch in sehr guter Erinnerung behalten und zu einem guten Markenbotschafter in der Arbeitswelt werden – denn du hast ihr geholfen.

Wir haben jedoch die Erfahrung gemacht: Oft stellen Menschen bei genauerer Betrachtung der Arbeitsmarkt- und Bewerberlage fest, dass die Suche durchaus anstrengend ist und niemand garantieren kann, dass das Neue besser sein wird. Mit diesem Zwischenschritt über das Coaching treffen sie jedoch eine ganz bewusste Entscheidung, im Unternehmen zu bleiben, jetzt allerdings ohne damit immer wieder zu hadern und so kostbare Energie zu verlieren. Oft finden sie (über systemische Fragen) dann doch einen Weg, ihre Werte vermehrt in ihre Aufgabe einzubringen.

Was wäre denn die Alternative? Dass dein Teammitglied immer latent unzufrieden bleibt und nur noch das unbedingt Nötige erledigt? Coaching-Fragen bringen Licht ins Dunkel, aber sie fördern nichts zutage, was nicht vorher schon angelegt war. Vertraue auch hier auf die weitere Entwicklung und bringe deine Sicht auf den Punkt, zum Beispiel: „Ich verstehe dein Dilemma, allerdings werden wir das in nächster Zeit nicht grundlegend ändern können. Ich würde dich sehr gerne in meinem Team behalten, aber jetzt musst du entscheiden, wie es weitergehen soll."

Top-Tipp von Reporterlegende Bob Woodward: So bekommst du bessere Antworten

Wir wissen, dass es gar nicht so einfach ist, vom Reden ins Fragen zu kommen. Unser Bildungssystem und nach wie vor viele Organisationskulturen trimmen uns darauf, ganz viel zu wissen und alles richtig zu machen. Wenn es jetzt also heißt, wir sollen mehr Fragen stellen, dann geben wir uns auch viel Mühe bei der Formulierung der bestmöglichen Fragen. Und versuchen, selbst in unsere Fragen etwas von unserem Wissen hereinzupacken. Auf keinen Fall wollen wir ahnungslos wirken.

Dazu hat Bob Woodward einen wunderbaren Tipp. Der Journalist deckte einst zusammen mit Carl Bernstein die Watergate-Affäre für die Washington Post auf – weil er immer ein bisschen mehr von seinen Quellen erfuhr als die Konkurrenz. Woodward fragt ganz grundlegend, als hätte er wirklich überhaupt keine Ahnung. Damit stellt er auch seine eigenen Thesen erst einmal auf den Prüfstand. Auf seine Interviewpartner kann das verwirrend bis peinlich wirken, aber das macht ihm nichts aus. Denn wenn Fragen nicht in eine klare Richtung deuten, ist die Wahrscheinlichkeit größer, Dinge zu erfahren, nach denen man eigentlich gar nicht gefragt hat.[4]

Das heißt für deine Praxis:

- Frage grundlegend, anstatt dein Wissen in die Frage zu packen!
- Hab keine Angst, ahnungslos zu wirken!
- Sei wirklich neugierig auf die Antworten und nimm sie wertschätzend entgegen!

So wird dein Team deine Fragen bald zu schätzen wissen.

Sofort loslegen: Wie du schnell ins Ausprobieren und Lernen kommst

Eine gute Fragetechnik, die Partizipation, Teamwork und die persönliche Weiterentwicklung aller Beteiligten fördert, lässt sich nur durch Praxis lernen. Durch das Experimentieren mit dem Gelernten und die Reflexion des Erlebten. Und wenn du aktiv die Verantwortung für deine Entwicklung übernimmst, dann kann auch Bewegung in dein Umfeld kommen.

Die Voraussetzung für Entwicklung ist bewusstes Handeln, das am besten täglich reflektiert wird. Damit diese tägliche Beschäftigung nicht zu viel Zeit in Anspruch nimmt – und dann vielleicht ganz schnell wieder abgeschafft wird –, mach es dir so einfach wie möglich:

Vorbereiten:

- Überlege schon morgens, wenn du deinen Tag planst, in welchen Situationen oder bei welchen Terminen du eine systemische Frage einwerfen könntest und welche.
- Mal dir kurz aus, wie die Situation idealerweise laufen würde.
- Halte dir täglich vor Augen, was dir der Einsatz von Coaching-Elementen bringen kann. Formuliere das in einem griffigen Satz, der sich gut für dich anhört, schreibe ihn auf und platziere ihn an einem Ort, wo du ihn immer wieder siehst.
- Beginne mit zwei systemischen Fragen pro Tag und steigere dich jede Woche auf mehr. Bleibe aber locker, vielleicht ist mal ein Tag dazwischen, an dem du ganz allein bist? Du kannst dir die Fragen natürlich auch selbst stellen.

Anwenden:

- Probier's einfach aus!
- Auch wenn es dich anfangs Überwindung kosten sollte. Du wirst sehen: Je häufiger du gute Erfahrungen mit deinen Fragen machst, desto leichter wird dir das Fragen fallen.
- Das Zauberwort heißt tatsächlich: TUN!

Reflektieren:

- Schau dir direkt nach der Situation oder am Abend an: Wie ist es gelaufen? Welche Wirkung hast du mit deiner Frage erzielt? Was hat gut funktioniert, was weniger? Was würdest du beim nächsten Mal anders machen?
- Sei geduldig mit dir und halte immer mehr Positives fest!
- Gewöhne dir (ebenso wie fürs Vorbereiten) eine Tagesroutine an, etwa beim Schreibtischaufräumen oder auf dem Nachhauseweg.

Du kannst dir auch ein Wochen-Resümee zur Gewohnheit machen, etwa freitagnachmittags oder am Sonntagabend. Wenn du vier bis sechs Wochen durchhältst, wirst du nicht mehr darauf verzichten wollen.

Leitfäden für deine Praxis

„Über Probleme reden schafft Probleme, über Lösungen reden schafft Lösungen."

Steve de Shazer,
US-amerikanischer Psychotherapeut und Autor

1. Selbstcoaching: Mit systemischen Fragen Glaubenssätze transformieren

Du kennst sie vielleicht auch, die innere Stimme, die dir sagt: Das schaffst du doch nicht! Immer wieder tummeln sich in unserem Unterbewusstsein negative Überzeugungen, die uns bei unserem Weiterkommen und Wachstum im Wege stehen. Du kannst ihnen mit systemischen Fragen auf den Zahn fühlen und lernen, sie zu transformieren in Überzeugungen, die für dich hilfreicher sind.

Was denke ich Negatives über mich?

Welche Auswirkungen hat es, wenn ich weiter mit diesem Glaubenssatz durch mein Leben gehe?

Wann habe ich mich mal ausnahmsweise nicht so, vielleicht sogar anders verhalten?

Und wann noch?

Wenn ich mir diese drei Ausnahmen genau anschaue:
Stimmt dann mein Glaubenssatz in dieser Form wirklich?

Welche Überzeugung passt denn
jetzt besser zu mir?

Angenommen, ich gehe mit dieser neuen Überzeugung
durch mein Leben: Was ist dann womöglich anders?

Und was noch?

Wer oder was kann mich dabei unterstützen, meinen
neuen Glaubenssatz zu verankern?

2. Selbstcoaching: Muster des Gelingens aufspüren und Ressourcen stärken

Neue Herausforderungen kommen immer wieder auf uns zu. Vielleicht stehst du manchmal vor ihnen und denkst dir: Wie soll ich das bloß schaffen? Mit der folgenden Übung kannst du dich gezielt in einen ressourcenvollen Zustand versetzen und kreative Ideen finden, die dich auf deinem Weg weiterbringen.

Vor welcher Herausforderung stehe ich gerade?

Wenn meine Herausforderung eine Frage wäre, wie würde sie lauten?

Wo stehst du in Bezug auf deine Frage aktuell auf einer Skala von 0 bis 10? Wobei die 0 bedeutet, du bist noch ganz weit entfernt von einer Antwort, und die 10 deinen Idealzustand darstellt.

Lass diese Frage mal stehen und lade dich selbst zu einem gedanklichen Ausflug ein. Vielleicht magst du dafür kurz deine Augen schließen, ein paarmal tief durchatmen und dich dann fragen:

Wenn ich auf mein Leben schaue, welche anderen Herausforderungen habe ich schon gemeistert? (Erlaube dir hier ganz frei und weit zu denken, vom Kindesalter an bis heute, was waren für dich besondere Meilensteine?)

Meilenstein Nr. 1:

Und welche noch? Meilenstein Nr. 2:

Und welche noch? Meilenstein Nr. 3:

Auf welchen dieser Meilensteine bin ich besonders stolz? Welcher hat für mich am meisten Kraft?

Wie habe ich das genau geschafft?

Welche meiner Fähigkeiten und/oder Stärken war dafür zielführend?

Was hat mir in meinem Denken geholfen?

Wie genau habe ich gehandelt?

Wer oder was hat mich dabei unterstützt?

Wenn du magst, kannst du diese Fragen jetzt auch mit den anderen beiden Meilensteinen durchgehen und weitere Muster des Gelingens finden.

Wenn ich mir jetzt meine Ausgangsfrage und Herausforderung wieder vor Augen führe: Was von dem, was damals zielführend für mich war, kann ich denn so oder in einer veränderten Form nutzen?

Welche Lösungsideen fallen mir jetzt noch dazu ein?

Welche abgefahrene Verbindung könnte ich denn vielleicht herstellen?

Welche Ideen möchte ich nun tatsächlich nutzen?

Was kann ein erster konkreter Schritt sein?

Wenn ich mir jetzt vorstelle, ich setze diesen Schritt in die Tat um: Wie weit bringt mich das auf meiner Skala nach vorne?

Wie sieht also mein nächster, ganz konkreter Schritt aus?

Bis wann will ich ihn umsetzen?

Wer kann mich unterstützen?

3. Fragen zur Förderung von Reflexion im Team

Die **unterschiedsbildende Frage** in Form der Skala eignet sich optimal dafür, kleinste Unterschiede wahrzunehmen – um Veränderungen überhaupt zu sehen und daraus Handlungsideen abzuleiten.

Mögliche Fragen mit der Skala:

Wie zufrieden bist du mit dem Ergebnis der Zusammenarbeit?

0 ———————— 10

Wie zufrieden bist du mit der Vorgehensweise?

0 ———————— 10

Wie zufrieden bist du mit unserem Miteinander?

0 ———————— 10

Wie zufrieden bist du mit deiner eigenen Leistung?

0 ———————— 10

Wo standen wir vor dem Meeting? Wo stehen wir jetzt?

0 ———————— 10

Wie weit sind wir von unserem Idealzustand noch entfernt?

0 ———————— 10

Wie stark behindert das Problem unseren Teamerfolg?

0 ———————— 10

Wichtig: Bei solchen Skalen-Fragen im Team bietet sich eine anonyme Bepunktung an, weil man sich sonst gerne gegenseitig beeinflusst. Beim anonymen Vorgehen findet jede Meinung Gehör.

Im Anschluss kann bei jeder der oben genannten Skalen-Fragen im nächsten Schritt zur Ideensammlung angeschlossen werden:
Was kann uns – rein theoretisch – einen Punkt weiter in Richtung 10 bringen?
Was davon wollen wir tatsächlich nutzen?

Eine weitere sehr geeignete Fragetechnik ist die **Appreciative Inquiry.** Sie eignet sich hervorragend, das Team in einen ressourcenstarken Zustand zu versetzen und aus diesem heraus Lösungsideen zu entwickeln. Besonders in Veränderungsprozessen ist diese Fragetechnik sehr hilfreich, da sie verhindert, dass Bewährtes vorschnell aussortiert wird.

Schritt 1: Ressourcenweckende und das Wir-Gefühl stärkende Fragen:

Was läuft schon richtig gut?

Was sind die tragenden Säulen unseres Erfolgs?

Was haben wir schon erreicht (Meilensteine)?

Welche Herausforderungen haben wir schon gemeistert?

Schritt 2: Lösungsideen generieren und konkretisieren

Was könnte noch idealer laufen?

Was noch?

Was noch?

Zu welchen konkreten Schritten inspiriert uns das?

Was davon wollen wir umsetzen? Bis wann? Wer kann unterstützen?

Anwendungstipps:

- Sei dir bewusst, dass jeder Mensch seine persönliche, individuelle Wahrnehmung hat. Kluge Fragen sind das beste Mittel um herauszufinden, was deine Teammitglieder bewegt. Frage offen – ohne dass du nach einer Bestätigung für die Annahmen in deinem Kopf suchst.

- Übe die fragende Haltung, etwa indem du in einem Meeting oder Mitarbeitergespräch mal ausschließlich Fragen stellst. Beginne mit ein oder zwei systemischen Fragen, dann erweitere dein Repertoire langsam. Setze nur Fragen ein, wenn es situativ passt, erzwinge nichts.

- Reflektiere anschließend kurz: Was hat die Frage ausgelöst? Welche Frage hat mich vorangebracht? Was hätte ich noch fragen können?

- Starte mit dem Trainieren systemischer Fragen in leichten, vertrauten und auch privaten Kommunikations-Situationen. Du kannst den Einstieg auch mit bedürfnisorientierten Fragen gestalten: Was brauchst du jetzt? Was braucht die andere Seite? Was brauchen wir gemeinsam?

- Coaching „undercover" funktioniert nicht wirklich: Mache deinen Mitarbeitenden transparent, wofür du Fragen stellst, statt Vorschläge zu unterbreiten, und welche Erwartungen du als Führungskraft an das selbständige Problemlösen hast.

- Reflektiere immer wieder deine eigene Rolle. Sieh das Positive! Achte auf Augenhöhe!

die du dir jetzt stellen kannst

Welche erfolgskritischen Faktoren für das Coaching über Führungskräfte sind schon gut bei dir ausgeprägt und machen dich zufrieden (siehe Seite 251/252)?

Welche Faktoren sind noch nicht so gut, ließen sich aber relativ schnell verbessern?

Was könntest du als Erstes für eine schnelle Verbesserung unternehmen?

Welchen Faktor müsstest du dir mal intensiver anschauen, um eine bessere Coaching-Basis für dein Team zu schaffen?

Was wäre rein theoretisch schon ein
erster kleiner Schritt zur Verbesserung dieses Faktors?

Welche ein bis zwei Faktoren machen dir am meisten Spaß?

Wie kannst du sie nutzen, um Coaching-Fragen in deinen Alltag zu integrieren?

Wie gemütlich sitzt du in deinem Kokon? Wie verhinderst du es, zu erfahren, was deine Mitarbeitenden denken, fühlen oder gerne tun würden?

Über welche Maßnahmen könntest du deinen Kokon Schritt für Schritt abbauen?

In welchen Situationen gerätst du am ehesten in Rollenkonflikte?

Was kannst du künftig tun, um das zu vermeiden?

Und jetzt ganz konkret: Welche deiner Ideen möchtest du als Erstes umsetzen?

Idee 1:

Bis: Mit Unterstützung von:

Idee 2:

Bis: Mit Unterstützung von:

Idee 3:

Bis: Mit Unterstützung von:

"Häufig ist die Frage schwieriger als die Antwort. Wenn es Ihnen gelingt, die Frage richtig zu formulieren, ist die Antwort einfach."

Elon Musk,
Unternehmer

Weiterführende Literatur

Diese Quellen und Medien haben uns beeinflusst, geprägt und eindeutig weitergebracht. Wir danken allen Urhebern und Autoren für die Inspiration und den Ansporn!

Ausbildungsinhalte

Competence on Top GmbH https://www.competenceontop.com/
Systemischer Coach Pracitioner und Systemischer Coach Master
Team-EntwicklerIn / Team-Coach

Bücher

Bregman, Rutger: Im Grunde gut – Eine neue Geschichte der Menschheit, Rowohlt 2019

Breidenbach, Joana / Rollow, Bettina: New Work needs Inner Work, Vahlen 2019

Clifton, Jim / Harter, Jim: Auf die Führungskraft kommt es an – Die 52 Gallup Erfolgsgeheimnisse zur Zukunft der Arbeit, Campus 2020

Damasio, Antonio: The feeling of what happens. Body, emotion and the making of consciousness, Vintage Books, 2000

Förster, Anja / Kreuz, Peter: Vergeude keine Krise – 28 rebellische Ideen für Führung, Selbstmanagement und die Zukunft der Arbeit, Rebels at Work Media 2020

Förster, Anja / Kreuz, Peter: Zündstoff für Andersdenker, Murmann 2017

Förster, Anja / Kreuz, Peter: Vergeude keine Krise – 28 rebellische Ideen für Führung, Selbstmanageent und die Zukunft der Arbeit, Rebels at Work Media 2020

Greßer, Katrin / Freisler, Renate: Ready for Transformation - Neue Arbeitswelt, digital und agil. Wie Sie als Führungskraft, UnternehmerIn und Change-Agent die Transformationsreise erfolgreich begleiten und die Organisation in eine gute Zukunft führen, managerSeminare 2019

Kindl-Beilfuß, Carmen: Fragen können wie Küsse schmecken. Systemische Fragetechniken für Anfänger und Fortgeschrittene, Carl-Auer 2019

Keese, Christoph: Disrupt yourself – Vom Abenteuer, sich in der dititalen Welt neu erfinden zu müssen, Penguin 2018

Laloux, Frederic: Reinventing Organizations visuell – Ein illustrierter Leitfaden sinnstiftender Formen der Zusammenarbeit, Vahlen 2017

Oesterreich, Bernd / Schröder, Claudia: Agile Organisationsentwicklung – Handbuch zum Aufbau anpassungsfähiger Organisationen, Vahlen 2020

Permantier, Martin: Haltung entscheidet – Führung / Unternehmenskultur zukunftsfähig gestalten, Vahlen 2019

Plötz, Felix: Das Ende der dummen Arbeit – Wie du als Angestellter zu mehr Sinn, Geld und Freiheit kommst, Econ 2018

Rustler, Florian et al: Future Fit Company – Individuelle Trainingspläne für Macher, Entscheider und Veränderer, Murmann / Haufe 2019

Ryland, Naomi / Jaspers, Lisa: Starting a Revolution – Was Unternehmerinnen über die Zukunft der Arbeitswelt lernen können, Econ 2020

Sinek, Simon: The Infinite Game, Penguin LCC, 2019

Vasudev, Jaggi [Sadhguru]: Inner Engineering: A Yogi's Guide to Joy, Spiegel / Grau, 2016

Magazine

Neue Narrative – Das Magazin für neues Arbeiten, NN Publishing GmbH, Berlin

Harvard Business manager – Das Wissen der Besten, manager magazin Verlagsgesellschaft mbH, Hamburg

managerSeminare – Das Weiterbildungsmagazin, managerSeminare Verlags GmbH, Bonn

Psychologie Heute, Julius Beltz GmbH & Co.KG, Weinheim

Podcast

Team A – der ehrliche Führungspodcast von Astrid Maier & Antonia Götsch, die Gäste aus Unternehmen und Universitäten zum Thema starke Führung interviewen

Quellen

TEIL 1

1 Wahrig, dtv, 2018, S. 382, in Fußnote; Wahrig-CD-ROM, Deutsches Wörterbuch, 2008

Kapitel 1

2 http://publica.fraunhofer.de/eprints/urn_nbn_de_0011-n-5999113.pdf

3 https://www.spiegel.de/karriere/fuehrungskraft-in-krisenzeiten-immer-weniger-wollen-chef-sein-a-d748f7d7-c39f-4a00-a3f9-c24bb3d226e7?sara_ecid=soci_upd_KsBF0AFjflf0DZCxpPYDCQgO1dEMph

4 https://www.bertelsmann-stiftung.de/fileadmin/files/CCC/24_02_2020_BSt_ID876_Fuehrungskraefte-Radar_layout_V4.pdf

5 https://manufaktur-fuer-fuehrungskultur.de/newsreader/wirksames-fuehrungsverhalten-teil-2-das-full-range-of-leadership-model.html

6 https://www2.iao.fraunhofer.de/images/iao-news/transformation-von-arbeitswelten-studie.pdf

7 Prof. Dr. Pelz, Waldemar: „Transformationale Führung – Forschungsstand und Umsetzung in der Praxis"; https://www.management-innovation.com/download/Transformationale-Fuehrung-Forschung-Praxis.pdf

8 Laloux, Frédéric: Reinventing Organizations, Vahlen Verlag 2016

9 Managerseminare Ausgabe 264, März 2020, Initiative Wege zur Selbst-GmbH e.V. 2019

Kapitel 2

1 Rosenthal, Robert & Jacobson, Lenore F.: Pygmalion in the Classroom, @ by Holt, Rinehart & Winston, Inc. 1965

2 Eden, Dov & Kinnar, Joseph: Modeling Galatea: Boosting self-efficacy to increase volunteering, Journal of Applied Psychology, Vol 76(6), Dec 1991, S. 770–780

3 Stangl, Werner: Golem-Effekt, Online-Enzyklopädie aus den Wissenschaften Psychologie und Pädagogik, Wien Linz Freiburg 2021

4 Ibarra, Herminia & Scoular, Anne: The Leader as Coach, Harvard Business Review Nov-Dec 2019

5 Ibarra, Herminia & Scoular, Anne: The Leader as Coach, Harvard Business Review Nov-Dec 2019

6 Hattie, John: Visible Learning. A Synthesis of Over 800 Meta-Analyses Rela¬ting to Achievement, Routledge London 2009

7 Clifton, Jim & Harter, Jim: Auf die Führungskraft kommt es an – die 52 Gallup Erfolgsgeheimnisse zur Zukunft der Arbeit, Campus 2019

8 Jim Clifton & Jim Harter: Auf die Führungskraft kommt es an – die 52 Gallup Erfolgsgeheimnisse zur Zukunft der Arbeit, Campus 2019

9 Permantier, Martin: Haltung entscheidet – Führung und Unternehmenskultur zukunftsfähig gestalten, Vahlen 2019

Kapitel 3

1 Competence on Top GmbH, Kompaktkurs „Systemischer Coach Practitioner“: https://www.competenceontop.com/kompakt-ausbildungen/systemischer-coach/

2 Sinek, Simon: Frage immer erst: warum – Wie Topfirmen und Führungskräfte zum Erfolg inspirieren, Redline Verlag 2014

TEIL 2

1 Der deutsche Wortschatz von 1600 bis heute: www.dwds.de

Kapitel 4

2 Neue Narrative – das Magazin für neues Arbeiten, #10, S. 82

3 https://gruenderplattform.de/entrepreneur/intrapreneurship (Plattform von KfW und Bundesministerium für Wirtschaft und Energie)

4 Plötz, Felix: Das Ende der dummen Arbeit – Wie du als Angestellter zu mehr Sinn, Geld und Freiheit kommst, Econ 2018

Kapitel 5

1 Zenger, Jack & Folkman, Joseph: Giving Feedback – Why Do So Many Managers Avoid Giving Praise? Harvard Business Review, Mai 2017 https://hbr.org/2017/05/why-do-so-many-managers-avoid-giving-praise

2 Domke, Ulla: Lektionen in Leadership: Verwirrte Wertschätzung, managerSeminare 266 im Mai 2020, S. 18–20
3 Randstad Arbeitsbarometer 1/2019: https://www.randstad.de/ueber-randstad/presse/unternehmensfuehrung/deutsche-chefs-geben-oft-nutzloses-feedback/
4 Hattie, John: Visible Learning. A Synthesis of Over 800 Meta-Analyses Relating to Achievement, Routledge London 2009

Kapitel 6

1 Gino, Francesca: „Führung – Teamwork lernen“ in Harvard Business Manager 1/2020
2 Maier, Astrid & Götsch, Antonia: Team A – Der ehrliche Führungspodcast, 11.01.2021, https://podcasts.apple.com/de/podcast/team-a-der-ehrliche-f%C3%BChrungspodcast/id1520157050
3 Bregman, Rutger: Im Grunde gut – Eine neue Geschichte der Menschheit, Rowohlt 2020
4 Parke, M. / Sherf, E.N.: Schweigen ist nicht immer Gold; Harvard Business manager, Ausgabe 01/2021
5 Stepper, John: Working Out Loud – Damit Verbundenheit, Vertrauen und Gemeinschaft wachsen können, Vahlen 2020; https://workingoutloud.com/de
6 Oesterreich, Bernd & Schröder, Claudia: Das kollegial geführte Unternehmen – Ideen und Praktiken für die agile Organisation von morgen, Vahlen 2016
7 Kolb, David A.: The Kolb Learning Style Inventory 4.0, ©Experience Based Learning Systems 2013, www.learningfromexperience.com
8 Dollinger, Manuela: Workbook Team-EntwicklerIn & Team-Coach, Competence on Top GmbH 2019

Kapitel 7

1 Google Wörterbuch
2 Theeboom, Tim, Beersma, Bianca & van Vianen, Annelies E.M.: Does coaching work? A meta-analysis on the effects of coaching on individual level outcomes in an organizational context. A summary for the International Coach Federation 2013
3 Kühl, Wolfgang & Schäfer, Erich: „Coachingforschung: Wie wirkt der Chef als Coach?“, managerSeminare, Special Coaching Juni 2019
4 Gregersen, Hal: „Isolieren Sie sich nicht“ in Harvard Business Manager, Edition 4/2020, S. 35